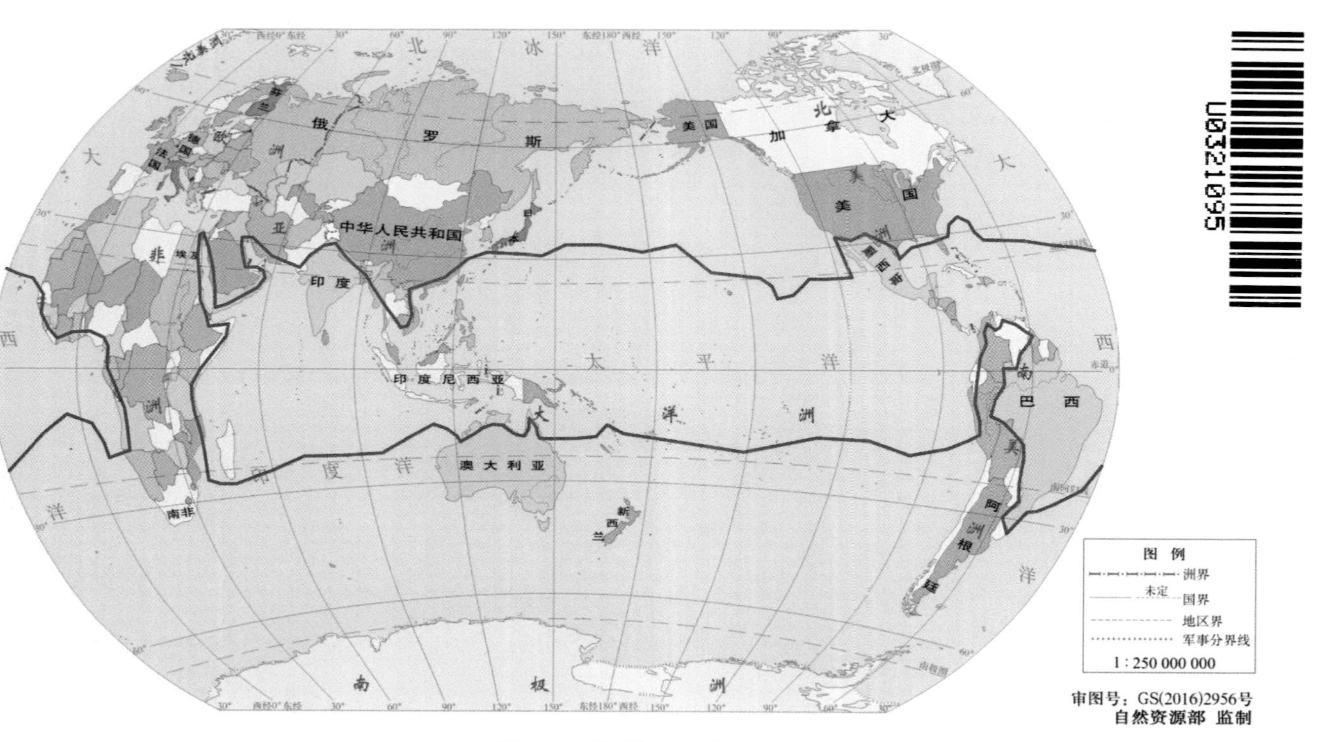

北冰洋
大西洋
太平洋
印度洋
南极洲
欧洲
亚洲
非洲
北美洲
南美洲
大洋洲
俄罗斯
中华人民共和国
日本
印度
印度尼西亚
澳大利亚
新西兰
美国
加拿大
墨西哥
巴西
阿根廷
南非
埃及
法国
德国
芬兰
图例
洲界
未定
国界
地区界
军事分界线
1 : 250 000 000
审图号：GS(2016)2956号
自然资源部 监制

图 1-1 世界椰子分布图

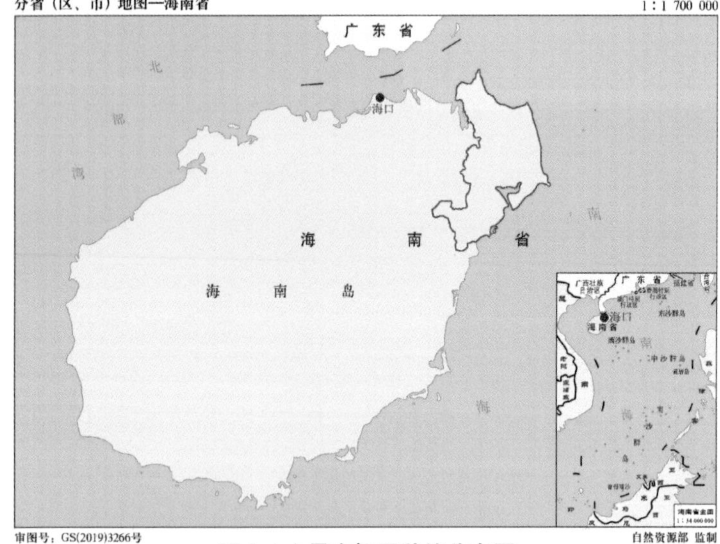

图 1-4 文昌市椰子种植分布图

A. 文椰 2 号

B. 文椰 3 号

C. 文椰 4 号

D. 文椰 78F1

图 1-5　中国热带农业科学院椰子研究所选育出的 4 个优良椰子品种

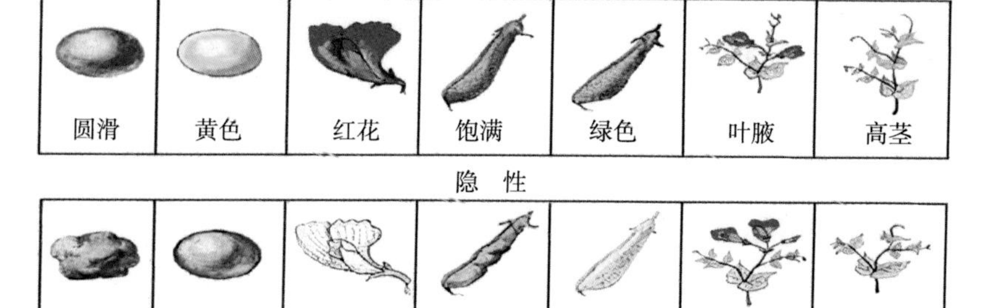

图 2-5　形态学标记的表现形式

（注：摘自邢少辰等，2000）

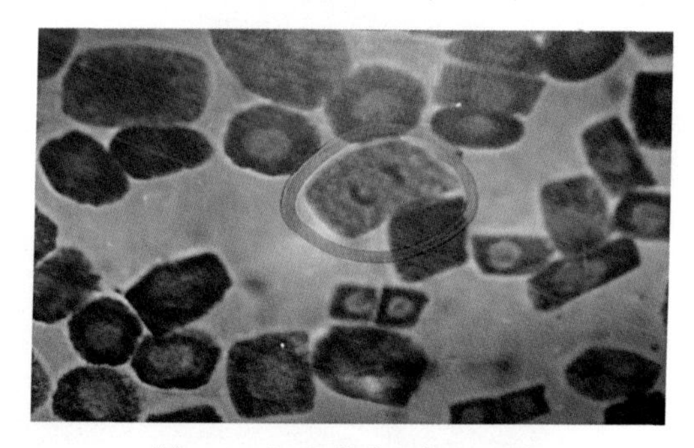

图 2-6　细胞学水平标记研究

（注：摘自李林等，2010）

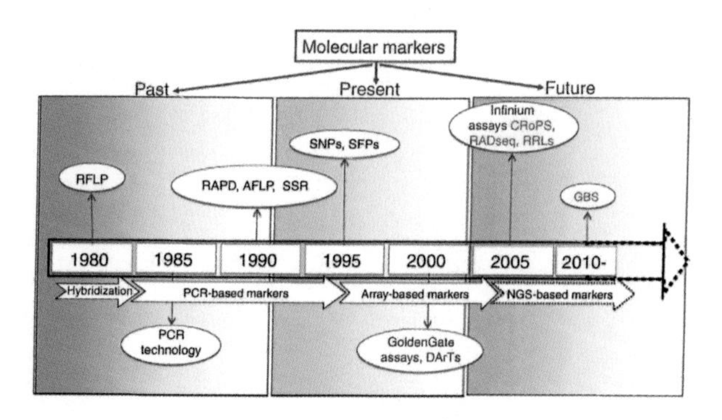

图 3-2　分子标记发展

（注：图 3-2 摘自 Henry，2013）

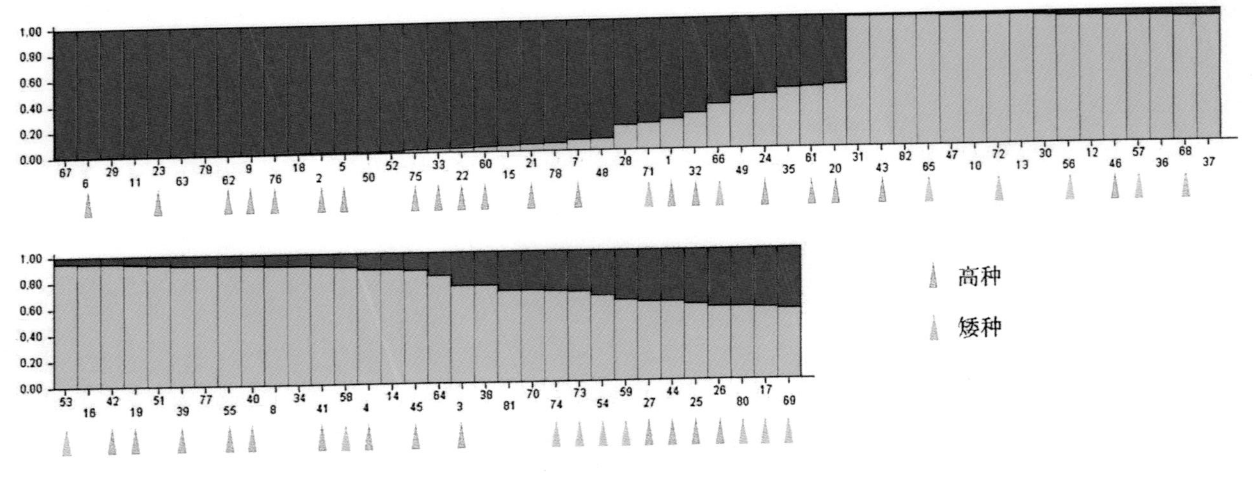

图 5-1　82 份供试椰子资源的群体结构图

（注：图 5-1 摘自罗意，2013）

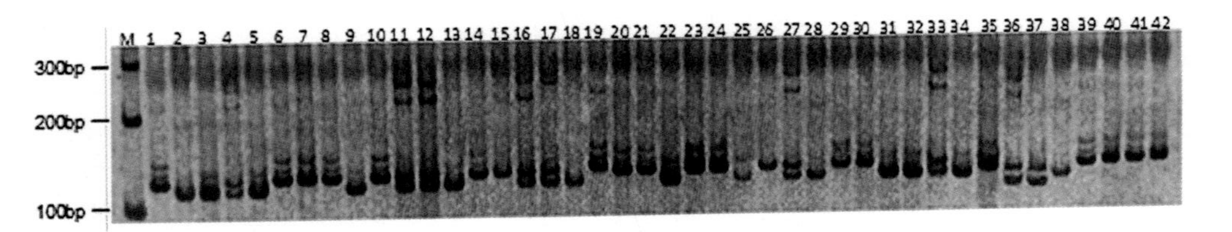

图 5-2 多态性 SSR 引物的部分 PCR 结果

椰子

分子标记和DNA指纹及应用

◎ 杨耀东 李静 周丽霞 编著

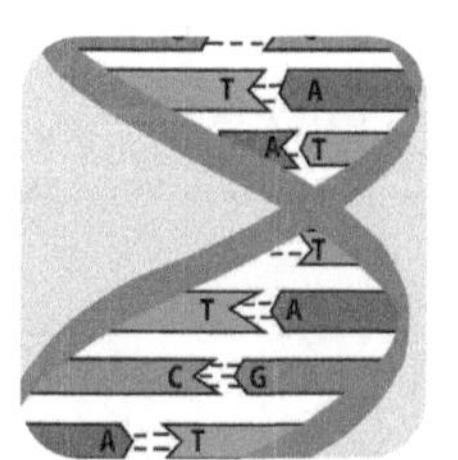

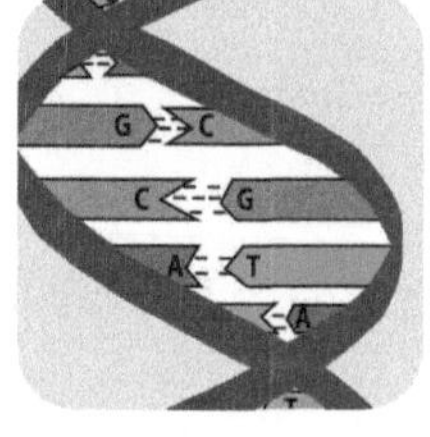

中国农业科学技术出版社

图书在版编目（CIP）数据

椰子分子标记和 DNA 指纹及应用 / 杨耀东，李静，周丽霞编著．—北京：中国农业科学技术出版社，2020.11
ISBN 978-7-5116-5068-9

Ⅰ．①椰… Ⅱ．①杨… ②李… ③周… Ⅲ．①椰子—分子标记 Ⅳ．① S667.4

中国版本图书馆 CIP 数据核字（2020）第 197596 号

责任编辑 王惟萍
责任校对 马广洋

出 版 者 中国农业科学技术出版社
北京市中关村南大街 12 号　邮编：100081
电　　话（010）82106625（编辑室）（010）82109704（发行部）
（010）82109702（读者服务部）
传　　真（010）82106625
网　　址 http://www.castp.cn
经 销 者 各地新华书店
印 刷 者 北京建宏印刷有限公司
开　　本 880mm × 1 230 mm　1 /32
印　　张 6.25　**彩插** 4 面
字　　数 166 千字
版　　次 2020 年 11 月第 1 版　2020 年 11 月第 1 次印刷
定　　价 46.80 元

《椰子分子标记和DNA指纹及应用》编著委员会

主 编 著 杨耀东 李 静 周丽霞

副主编著 许丽菁 吴 翼

编 著 者（按姓氏笔画排序）

许丽菁 李 静 杨耀东 吴 翼

范海阔 周丽霞

致　谢

本书的出版得到了海南省国际合作专项“椰子主要品种指纹图谱的构建及应用（KJHZ2014-24）”“中国热带农业科学院基本科研业务费专项（1630152017019）”、中国热带农业科学院创新团队项目（17CXTD-28）和农业农村部‘一带一路’热带项目资金资助（BARTP-06）的资助，特此致谢。

前　言

椰子（*Cocos nucifera* L.）是热带地区主要的木本油料作物和重要的热带果树。根据国际椰子共同体（ICC）统计，目前世界已有 93 个国家种植椰子，主要分布在东南亚地区和南太平洋地区，这一区域椰子的产量及种植面积约占世界的 85%。我国椰子主要生长在北纬 20° 以南地区，已有 2 000 多年的栽培历史，总种植面积近 4.7 万 hm^2，年产椰子超过 2.5 亿个。我国椰子主要分布在海南东南沿海一带的文昌、琼海、三亚等地区；其次为西沙群岛、南沙群岛、广东台山及云南西双版纳等地区也有少量种植。

由于椰子的种植成本低，综合利用价值高，是热带地区重要的经济作物，可为人们提供食品、饮料、服装和住所材料，还可加工成各式各样的椰子产品，因此，联合国粮农组织（FAO）对椰子十分重视，认为椰子是解决热带地区人们对蛋白质、脂肪和能源的需求以及增加农民的就业机会，促进农民脱贫致富的重要途径。

随着我国椰子产业的不断发展，椰子产业的科技创新能力得到不断提升。但是长期以来，我国椰子产业发展过程中仍存在种质资源发掘、保存与创新利用不够，缺乏有效便捷的评价手段，新品种繁育周期长，优质育种材料缺乏等问题。当前，优良品种的稀缺是限制椰子产业规模化的主要因素。椰子是多年生作物，种果少，繁育周期长，常规的育种技术已不能满足当前产业发展的需求，分子辅助筛选成为椰子优良品系繁育的重大机遇。椰子指纹图谱技术对椰子产业的发展具有重要的意义，将有利于椰子新品种登记及保护工作的开展，有利于椰子苗种品种纯度的鉴定及开发，一套高效早期筛选去杂的方法，有利于椰子定向培育工作的开展并缩短椰子的育种周期。

为了适应我国椰子种业的发展，为椰子研究人员提供参考，中国热带农业科学院椰子研究所组织科技人员编写了《椰子分子标记和 DNA 指纹及应用》一书。本书主要介绍分子标记的类型、DNA 分子标记的技术类型和指纹图谱及其在椰子种质资源评价和椰子分子辅助育种方面的应用研究，并介绍了世界范围内椰子育种的研究概况，以期向读者展示椰子分子标记和 DNA 指纹及应用现状、发展趋势，并为椰子种业的发展提供参考。

本书由杨耀东、李静、周丽霞主编，第一章由许丽菁和杨耀东编写，第二章由杨耀东和李静编写，第三章由李静、吴翼、周丽霞编写，第四章由周丽霞和范海阔编写，第五章由吴翼和杨耀东编写，第六章由李静编写。全书由杨耀东、李静和周丽霞统稿。

本书引用了部分国内外公开发表的文献资料，在编写过程中，为了全书术语的统一，将有关参考文献资料中的术语进行了规范，在此向有关作者表示感谢。

由于时间仓促、资料不足及编者自身水平的限制，书中难免存在疏漏和不足，谨请有关专家、学者及科技人员不吝赐教并提出宝贵的意见及建议，不胜感激。

编　者

2020 年 9 月

目　　录

第一章　椰 子 概 况

第一节　世界椰子概况

一、椰子的起源

椰子（*Cocos nucifera* L.）是棕榈科椰子属中唯一的一个种，是热带地区重要的木本油料和食品能源作物，被誉为“生命之树”。椰子具有极高的经济价值，它浑身是宝，是热区农民增收的主要来源之一。可为人们提供食品、饮料、服装和住所材料，还可加工成各式各样的椰子产品，如椰子油、椰子汁、椰子糖、椰子粉以及椰雕工艺品、活性炭、椰棕垫等产品，更有研究表明椰子及原生态椰子油是潜在的抗癌食品，在治疗肺癌等肿瘤以及化疗引起的肾脏损伤等方面有一定的功效。

椰子主要分布在赤道两侧 20° 以内的热带滨海地区，在南北纬 20° ～ 23.5° 也有大面积分布。目前关于椰子起源的说法不一，有研究表明，由于驯化的独立起源，椰子可分为两个主要的亚群：太平洋和印度洋—大西洋种群。Gunn 等（2011）根据椰子的进化历史和种群遗传结构，收集不同来源和类型的椰子种质资源 1 322 份，对其遗传多样性进行分析，发现太平洋椰子表现出与表型和地理亚群相对应的额外遗传亚结构；此外，人类栽培过程中的一些选择性状如矮秆习性、自花授粉等仅在太平洋地区出现。椰子表现出的太平洋和印度—大西洋群之间遗传混合证明椰子主要产于印度洋西南部。东非沿海地区的混合可能也反映了后来阿拉伯人在印度

洋沿岸的历史性贸易。因此他们认为栽培椰子分别独立起源于东南亚岛屿和印度次大陆南部。但是到目前为止，关于椰子的起源尚无定论。

人类与椰子的长期相互作用决定了椰子的地理分布及其表型多样性。虽然椰子果实最初是随着海洋漂流，但随着时间推移，它遍布于热带地区的传播是在人类的帮助下实现的。Baudouin 等（2009）认为，原产于旧大陆热带地区的本土品种，很可能是来自菲律宾的前哥伦比亚南岛海员将该物种被传播到东玻利尼西亚，随后被引入拉丁美洲的太平洋沿岸。Sauer 等（1971）分析认为在印度洋，椰子种群的组成可能受到南岛向西扩张到马达加斯加岛的影响。后来，欧洲人从印度将椰子引进非洲、南美和加勒比海的大西洋沿岸。这种椰子通常出现在人类活动的地区，全世界所有或几乎所有的椰子种群都可能受到人类种植和传播的影响。

在人类栽培条件下，椰子表现出选择性差异很大。对椰子果实形态的分析揭示了两种经典的果实类型，以传统波利尼西亚品种命名："niu kafa"型，果实呈长方形，三角形，外皮纤维含量高；而"niu vai"型，果实呈圆形，颜色通常鲜艳，液态胚乳比例大。"niu kafa"被解释为更原始的形态，反映了海洋传播的自然选择，"牛瓦伊"形态反映了人类栽培下的选择。

由于椰子品种间缺乏普遍的驯化特性，再加上人类与该物种的长期互动历史，很难追溯椰子的栽培起源。然而，分子标记在作物种质鉴定中的应用为椰子的进化历史、遗传多样性和群体结构提供了一些见解。利用 RFLPs、微卫星和 AFLP 标记的分析表明，存在两个遗传上不同的群体，一方面与太平洋海盆相对应，另一方面与印度洋和大西洋相对应。

在过去十几年中，国际椰子遗传资源网络（COGENT）和法国国际开发农业研究中心（CIRAD）协调，并借力于世代挑战计划

（GCP: http://gcpcr.grinfo.net/index.php），为椰子遗传特性的研究提供了主要材料服务。GCP/CIRAD 椰子收集与多态性微卫星标记工具相结合应用于描述区域椰子集合的遗传多样性，推断特定品种的起源，并评估种植材料是否符合类型（Baudouin et al.，2008）。此外，虽然 CCP/CIRAD 的收集范围是全球，但一些地理区域的代表性不足。最值得注意的是，它几乎不含西印度洋的椰子，这是解释古代南岛扩张对这一地区影响的关键。

二、椰子的历史

世界椰子的发展具有悠久的历史，考古学家曾在太平洋的美拉尼西亚群岛和新西兰等地的冲积层内发现 100 万年以前的椰子化石。在距今 4 000 年左右，居住在亚洲东南部海岛的人们已经驯化并种植了椰子树。椰子果是名副其实的“航海家”，成熟的椰子果实，外壳很轻且不透水，中果皮是椰纤维，蓬松、透气，椰果的这种构造为其随着海洋漂流创造了良好的条件。千百年来，野生的椰子树就是依靠这种自然传播的方式，在热带沿海岛屿海岸生根发芽，繁衍后代，后来又在人类的精心培育下，发展成为现在的大面积推广种植的椰子树。

考古学家在距今 2 500 年前的埃及古墓中发现了炭化的椰壳、扇形的椰叶和塔形的树干等，以及一幅有 170 多株椰子树的公园图画。古埃及人种植椰子树除采收果实外，还利用椰子树干作为建筑材料。公元前 3—1 世纪，椰子树被引种到缅甸、泰国、柬埔寨、越南、菲律宾等国。公元 15 世纪哥伦布发现新大陆时，发现在巴西、委内瑞拉、墨西哥、古巴等地也有椰子树。19 世纪前期，随着新的交通航线开辟，椰子逐渐在欧洲市场上流通，但作为种植业则在 19 世纪 40 年代才开始。自此，椰子产品生产国和消费国的范围不断扩大。

据研究，早在公元前 2 000 年左右，椰林已经遍布印度尼西亚、马来西亚、新加坡以及太平洋星罗棋布的海岛上。大约在公元前 10 世纪后，椰子树传播到印度，并在那里发展成为椰子树的次生起源中心。公元前 10 世纪至公元前 1 世纪的 1 000 多年间，椰子树陆续在非洲东部的马达加斯加群岛、坦桑尼亚、肯尼亚、索马里、埃塞俄比亚等地安家落户。

Gunn 等（2011）研究表明，椰子是印度洋和太平洋的本土物种，在两大洋盆地都有长期的进化存在。古新世的化石数据也反映了椰子（或类似椰子的物种）在印度和太平洋盆地的长期存在。对于印度洋椰子，考古和考古植物学在靠近印度东南部的朋迪榭里（Pondicherry）的阿里卡梅杜（Arikamedu）地区发现椰子壳和椰子叶片等编织的绳子，再加上原始南德拉威人的语言证据和古代阿育吠陀文献都表明，2 500 ～ 3 000 年前，南印度次大陆就已经开始种植椰子了。Gunn 等（2011）推测包括斯里兰卡、马尔代夫和拉克代夫在内的印度南部外围地区可能是椰子驯化的中心。而这一提议的起源中心与瓦维洛夫在 20 世纪 30 年代提出的观点一致。

目前，全球椰子种植面积已超过 1 200 万 hm^2，有 8 000 多万人口以椰业为生，是热区人民主要的经济收入和食品来源。在中国，椰子作为热带地区一种重要的经济作物，已有 2 000 多年的栽培历史，主要种植于海南东南沿海，其他地区如西沙和南沙群岛、广东的上川岛与下川岛、云南的西双版纳、广西北海、钦州与台湾南部也有少量种植。

三、世界椰子的分布

椰子目前已在 93 个热带地区和国家种植，主要分布在以下地区（图 1-1，见彩色图版）。

据统计，东南亚地区的椰子产量占世界产量的 50% 以上，据国际椰子遗传资源网（COGENT）资料显示，椰子生产国主要包括菲律宾、印度尼西亚、马来西亚、泰国、缅甸、越南等。其中菲律宾是世界上最大的椰子生产国之一，其次是印度尼西亚。这两个国家不仅是椰子生产大国，也是收集椰子种质资源最多的国家。此外，印度、斯里兰卡、巴基斯坦和孟加拉国等国也是椰子的主产区。

南太平洋地区包括库克群岛、斐济群岛、基里巴斯、巴布亚新几内亚、所罗门群岛、萨摩亚群岛、汤加和瓦努阿图等岛国。目前所罗门群岛的椰子产业发展较快，保存的种质资源较多。

非洲和印度洋地区包括贝宁、科特迪瓦、加纳、肯尼亚、莫桑比克、尼日利亚、塞舌尔和坦桑尼亚。其中，以贝宁、科特迪瓦、加纳的椰子种植面积较大，尤其是在科特迪瓦的经济发展中，椰子起着极其重要的作用。

拉丁美洲和加勒比海地区包括巴西、墨西哥、牙买加、哥斯达黎加、古巴、圭亚那、海地和特立尼达和多巴哥。该区虽然不是椰子主产区，但近年也逐渐加强了椰子研究，包括联合非洲国家，加强杂交种的培育与推广和抗致死黄化病的椰子育种研究等。

四、全球椰子的种植面积与产量

2016 年全球椰子种植面积为 1 216.88 万 hm^2，总产量为 5 901.06 万 t。王媛媛等（2018）根据世界粮农组织的统计数据对全球及各洲椰子收获面积和产量进行分析。由图 1-2 和图 1-3 可见，全球椰子主要集中在亚洲、非洲和美洲，主要种植国家有菲律宾、印度尼西亚、印度、坦桑尼亚、斯里兰卡、巴西、巴布亚新几内亚、泰国、墨西哥、越南和马来西亚等国家。其中，菲律宾的椰子收获面积最大，印度尼西亚的椰子产量最大。全球椰子种植近 17 年，其中亚洲约占 81.6%、非洲占 8.42%、美洲占 5.71%、大洋洲占 4.71%。2000—2012 年全球椰子种植面积基本呈逐年增加

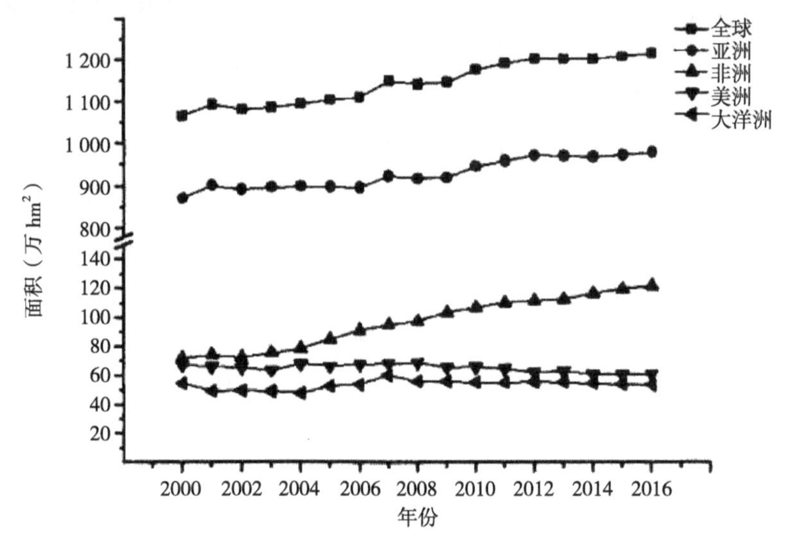

图 1-2　全球及各大洲椰子收获面积

（注：摘自王媛媛等，2018）

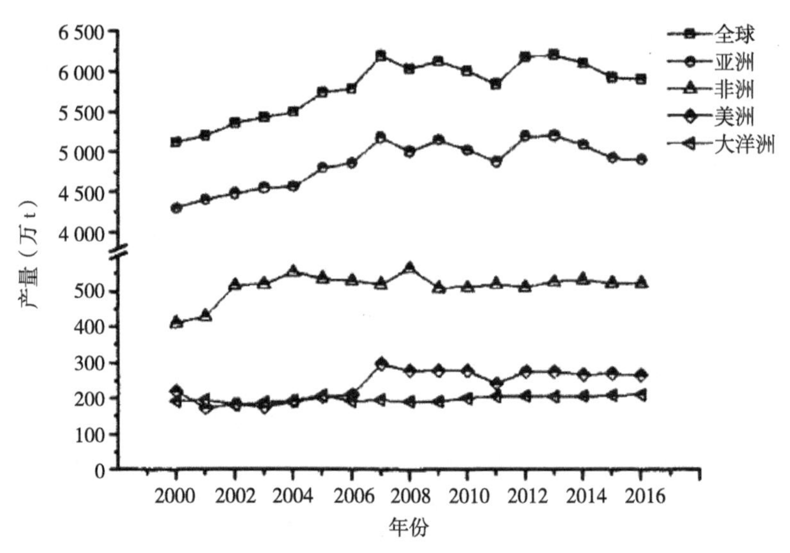

图 1-3　全球及各大洲椰子产量

（注：摘自王媛媛等，2018）

趋势。从2000年的1 065.70万hm^2到2012年的1 202.81万hm^2，增加了137.11万hm^2。2012—2016年较平稳，在1 200万hm^2左右，2014—2016年3年稍微有些增加。

全球椰子主产国的椰子收获面积和椰子产量见表1-1和表1-2。全球椰子收获面积较多的国家分别是菲律宾、印度尼西亚、印度、坦桑尼亚、斯里兰卡、巴西、泰国、巴布亚新几内亚、墨西哥、越南和马来西亚，2000—2016年共17年间在全球所占的平均百分比分别为29.54%、24.95%、17.32%、4.94%、3.63%、2.37%、2.16%、1.87%、1.52%、1.14%和1.14%。这些国家的椰子收获总面积占全球椰子收获总面积的90.59%。2016年这些国家的椰子收获面积分别为356.51万hm^2、310.53万hm^2、215.57万hm^2、73.22万hm^2、40.89万hm^2、23.40万hm^2、17.71万hm^2、20.77万hm^2、18.36万hm^2、14.68万hm^2和8.46万hm^2。17年来占全球椰子产量平均比例较大的国家分别为印度尼西亚、菲律宾、印度、巴西、斯里兰卡、泰国、墨西哥、越南、巴布亚新几内亚、马来西亚和坦桑尼亚。2016年的椰子产量分别为1 772.24万t、1 382.51万t、1 112.79万t、264.92万t、252.01万t、81.54万t、115.75万t、147.00万t、119.14万t、50.48万t和55.58万t。

这些全球椰子种植的主要国家中，巴西的椰子单产最高（平均为10.45 t/hm^2）。主要是因为该国具有较好的气候条件，并且不断监测树木的健康状况以及应用最新的灌溉技术等提高产量。而坦桑尼亚的是最低的，并且17年来持续降低，从2000年的1.07 t/hm^2降为2016年的0.76 t/hm^2。越南的椰子产量和单产17年来基本上是不断增加的。

由王媛媛等（2018）统计数据可知，中国的椰子收获面积只占全球的0.26%，占亚洲的0.32%；产量占全球的0.42%，占亚

表 1-1 2000—2016 年全球椰子主产国及中国椰子收获面积

单位：万 hm^2

年份	菲律宾	印度尼西亚	印度	坦桑尼亚	斯里兰卡	巴西	泰国	巴布亚新几内亚	墨西哥	越南	马来西亚	中国大陆	中国台湾
2000	314.39	259.15	177.00	34.69	44.40	26.43	31.52	26.00	17.03	14.00	19.00	2.01	0.44
2001	314.87	283.70	184.00	37.19	44.40	27.33	30.35	19.50	16.20	13.71	18.20	2.10	0.44
2002	318.17	263.47	193.00	39.88	44.40	27.66	29.33	19.70	16.60	12.60	18.00	2.27	0.45
2003	321.65	267.51	192.18	41.92	44.70	28.04	27.84	19.80	15.10	12.03	17.90	2.38	0.42
2004	325.86	269.00	193.37	45.14	39.48	28.52	27.04	18.00	18.40	12.07	17.80	2.42	0.42
2005	324.33	271.00	193.50	48.42	39.48	29.05	26.54	19.50	16.90	11.93	17.50	2.51	0.39
2006	333.74	265.00	194.68	55.29	39.48	28.98	25.82	19.80	16.41	11.97	11.50	2.50	0.38
2007	335.98	290.00	194.00	58.10	39.48	28.32	25.57	26.00	17.10	11.93	11.97	2.59	0.38
2008	337.97	288.00	190.32	60.63	39.48	28.70	24.57	22.10	17.85	12.11	11.19	2.63	0.35
2009	340.15	290.00	189.52	63.05	39.48	28.41	23.79	22.10	17.90	12.15	10.04	2.74	0.33
2010	357.59	298.00	189.59	66.00	39.48	27.51	23.10	22.10	17.90	14.03	10.57	2.76	0.30
2011	356.20	298.00	207.08	67.00	39.48	27.05	21.60	22.10	17.90	12.70	10.63	2.92	0.28
2012	357.46	300.00	213.70	68.00	41.70	25.77	21.32	22.10	17.60	13.20	10.10	2.92	0.27
2013	355.13	302.00	215.90	68.00	39.48	25.75	20.86	22.10	17.60	13.62	8.80	2.99	0.26
2014	350.20	302.50	214.00	70.88	44.00	25.06	20.71	21.41	17.85	13.92	8.81	2.98	0.24
2015	351.77	303.00	216.40	72.52	45.33	24.22	19.15	20.79	18.15	14.56	8.20	2.90	0.23
2016	356.51	310.53	215.57	73.22	40.89	23.40	17.71	20.77	18.36	14.68	8.46	3.14	0.19

注：表 1 摘自王媛媛等，2018。

表 1-2 2000—2016 年全球椰子主产国及中国椰子产量

单位：万 t

年份	印度尼西亚	菲律宾	印度	巴西	斯里兰卡	泰国	墨西哥	越南	巴布亚新几内亚	马来西亚	坦桑尼亚	中国大陆	中国台湾
2000	1 524.00	1 299.47	835.00	195.21	235.30	179.53	111.70	88.48	103.20	73.44	37.00	19.35	4.83
2001	1 581.50	1 314.61	867.00	213.08	210.44	193.45	110.00	89.20	55.30	71.20	39.02	22.01	4.95
2002	1 549.50	1 406.85	892.00	289.24	181.79	203.72	112.85	91.52	68.00	71.20	41.13	22.85	4.93
2003	1 614.50	1 429.42	863.00	297.85	194.71	211.73	102.68	89.33	63.10	58.00	43.35	23.14	4.42
2004	1 628.50	1 436.62	838.00	311.73	196.92	212.58	125.02	96.01	65.10	62.40	45.82	24.39	4.76
2005	1 825.00	1 482.46	882.90	311.89	168.34	194.03	116.68	97.72	65.10	57.10	48.06	23.25	3.86
2006	1 712.50	1 495.79	1 019.00	297.82	211.58	181.54	113.23	100.07	65.10	51.27	53.59	21.54	4.48
2007	1 962.50	1 485.29	1 089.40	283.10	218.04	172.16	116.70	103.49	142.40	53.00	54.90	22.88	4.18
2008	1 793.70	1 531.95	1 014.83	322.40	221.08	148.39	124.64	109.51	121.00	55.51	55.77	23.74	3.79
2009	1 900.00	1 566.76	1 082.43	296.00	216.83	138.10	112.13	112.85	121.00	45.96	56.36	23.89	3.53
2010	1 800.00	1 551.03	1 084.00	284.35	199.04	129.81	113.16	116.22	121.00	55.01	57.00	23.26	3.30
2011	1 750.00	1 524.46	1 028.00	294.37	205.73	105.53	110.80	120.15	89.00	56.26	55.00	23.91	2.98
2012	1 940.00	1 586.38	1 056.00	293.15	222.45	105.67	111.78	127.30	120.95	62.42	52.00	24.29	2.82
2013	1 830.00	1 535.43	1 193.00	289.03	251.30	101.00	117.10	130.38	120.75	62.47	53.00	25.46	2.58
2014	1 830.00	1 469.63	1 107.89	291.91	287.00	100.03	117.20	137.44	117.92	59.51	54.02	28.39	2.33
2015	1 660.00	1 473.52	1 120.96	267.87	284.36	90.41	115.69	143.91	116.59	50.56	55.31	27.77	2.10
2016	1 772.24	1 382.51	1 112.79	264.92	252.01	81.54	115.75	147.00	119.14	50.48	55.58	29.70	1.96

注：表 2 摘自王媛媛等（2018）。

洲的 0.50%。大陆椰子收获面积基本上逐年增加，2016 年为 3.14 万 hm^2，产量为 29.70 万 t。而我国台湾的椰子收获面积逐渐减少，2016 年为 0.19 万 hm^2，产量为 1.96 万 t。

第二节　中国椰子概况

一、中国椰子分布及产量

中国椰子主要种植在海南省，广东的雷州半岛和云南的西双版纳、德宏、保山、河口以及广西的方城港、北海等地有少量分布（陈豪军等，2011）。东南沿海的文昌、海口、琼海、万宁、陵水、三亚 6 个地区为海南椰子的主要产区（张慧坚，2002）。而海南椰子种植面积最大的地区是文昌。文昌地理坐标为：东经 110°28′～111°03′、北纬 19°21′～20°10′。2016 年，全市 17 个镇（文城镇、重兴镇、蓬莱镇、会文镇、东路镇、潭牛镇、东阁镇、文教镇、东郊镇、龙楼镇、昌洒镇、翁田镇、抱罗镇、冯坡镇、锦山镇、铺前镇、公坡镇）种植椰子 23.8 万亩，年产量 1.7 亿个（图 1-4，见彩色图版）。因此，文昌素有“海南椰子半文昌”之称。文昌自汉代已有种植椰子的记载，距今已有 2 000 多年的栽培历史。

表 1-3　2015 年海南各市县椰子种植收获情况

地区	年末面积（hm^2）	当年新种（hm^2）	收获面积（hm^2）	总产量（万个）
海口市	1 728	14	1 246	981
三亚市	2 277	—	2 065	2 339
五指山市	323	2	192	98

表 1-3（续）

地区	年末面积（hm^2）	当年新种（hm^2）	收获面积（hm^2）	总产量（万个）
文昌市	13 233	49	10 498	5 366
万宁市	2 373	—	2 071	1 687
定安县	1 188	3	699	951
屯昌县	437	26	238	325
澄迈县	264	1	227	170
临高县	22	—	6	5
儋州市	750	3	303	87
东方市	254	—	145	173
乐东县	670	39	559	669
琼中县	519	1	303	268
保亭县	796	7	706	1 018
陵水县	4 032	—	3 648	2 060
白沙县	52	—	50	37
昌江县	30	—	15	12
合计	35 402	180	28 899	22 314

注：数据来源于海南省统计年鉴 2016。

二、中国椰子种质资源收集

1980 年我国华南热带作物科学研究院椰子试验站（后更名为中国热带农业科学院椰子研究所）成立。从事椰子种质资源收集与保存、选育种、丰产栽培、病虫害综合防治、生物多样性利用、产品精深加工及产品标准化和质量安全体系构建等研究工作。自 20 世纪 80 年代以来，中国热带农业科学院椰子研究所对我国椰子种质资源分布情况和富集程度进行调查，截至 2019 年底已登记种质资源 205 份。中国热带农业科学院椰子研究所自建所以来先后引进了红矮、黄矮、马哇、小黄椰、香水椰子等优良种质，选育出优良品种‘文椰 2 号’‘文椰 3 号’‘文椰 4 号’，并培育出我国第一个杂交品种‘文椰 78F1’（图 1-5，见彩色图版），文椰系列椰子优良新品种的示范和推广，对改变目前我国椰子产量低、品种单一的局面，提高椰子的种植效益，促进椰子产业的可持续发展具有重要意义。

按照常规分类方法可将椰子分为高种椰子、矮种椰子以及介于高种和矮种之间的中间类型。其中高种椰子的主要特征为植株高大，椰干基部膨大呈“葫芦头”，异花授粉；而矮种椰子植株矮小，椰干基部没有“葫芦头”，自花授粉，经济寿命和自然寿命也较高种短；中间类型则介于以上两者之间。此外，在各类变种中根据果实大小、果实形状和果皮颜色等，又将椰子种质资源分为若干类型。

高种椰子（中国的高种椰子常指“海南本地高种椰子”）顾名思义就是植株较为高大的椰子。可达 20 ～ 30 m 高，茎干较粗壮，抗风能力强，抗寒性较好，椰衣含量较高，果实较大，果实的围径达 50 ～ 60 cm，椰干质量好，椰肉含油量高，经济寿命长达 70 ～ 80 年等特点，但其也有一定的缺点，即生产周期长，种植后 7 ～ 8 年才开花结果，产果数量相对较少。目前海南种植的椰子大部分为高种。

矮种椰子植株矮小，8 ～ 15 m 高。茎干较细，抗风、抗寒力弱，而且其果实较小，果实围径 30 ～ 40 cm，椰干质量差、含油率低。经济寿命约 25 年，之后产量就开始下降。但其结果早，种植后 4 ～ 6 年开花结果，产量高，椰肉松软，椰水较甜，果形美观，较受消费者欢迎。此外由于其具有产量高、种质纯的特点，可作为椰子杂交亲本（母本）材料培育杂交种。20 世纪 80 年代海南的矮种椰子大多是从马来西亚、泰国等地引进的优良品种，现在中国热带农业科学院椰子研究所培育的矮种椰子新品种也深受农民喜欢，目前海南省的矮种椰子种植面积逐年增加。矮种椰子按果实和叶片颜色可分为：红矮、黄矮、绿矮（其中香水椰子属矮种珍贵品种）3 个类型。

红矮：其特征是树干细，树干笔直，粗细几乎一样，平均围径约 60 cm，叶长 3 ～ 4 m，开花结果早，3 ～ 4 年开花结果，叶长 3.0 ～ 3.5 m，叶柄、花苞和嫩果呈橙红色，成熟果呈球状、红色，椰肉薄（0.8 ～ 1.0 cm），椰水甜。椰果颜色为橙红色，有观赏价值。椰子嫩果，可加工成椰青，鲜食。但其椰干质量差，含油率低，经济寿命短，不宜用于深加工。

黄矮：其特征是果实和叶片呈黄色或黄绿色，树干细笔直粗细一致，平均茎围约 60 cm，叶长 3 ～ 4 m，开花结果早，3 ～ 4 年开花结果，单株产量高，果头中等，椰肉较厚、较软、味甜。通常作为杂交亲本（母本）材料。其缺点与红矮相同。

绿矮：其特征是果实和叶片呈深绿色，定植后 3 ～ 4 年开花结果，植株较矮小，茎干较小，茎围约 50 cm，树冠密集，叶长约 2.8 m，果实小，产量高，椰肉薄（0.8 ～ 1.0 cm）。其中香水椰子（*Aromaticea Dwarf*）属绿矮珍贵品种，是矮种椰子中椰水具有特殊香味的优异种质。香水椰水具有特殊的芋头香味，椰子水甜度高，广受消费者欢迎，可做水果用，也可做杂交亲本和园林绿化树种。

参考文献

陈豪军，李和帅，周全光，等，2011. 广西、广东椰子种质资源调查 [J]. 中国热带农业，13 (6): 48-50.

毛祖舜，邢贻藏，邱兵，等，1992. 海南岛椰子种质资源考察报告 . 海南岛作物（植物）种质资源考察文集 [M]. 北京：农业出版社：48-57.

王媛媛，秦海棠，邓福明，等，2018. 基于世界粮农组织 2000—2016 年统计数据库的全球椰子种植业发展概况及趋势研究 [J]. 世界热带农业信息 (5)1-13.

张慧坚 , 2002. 世界与中国的椰子业 [J]. 热带农业科学 , 22 (3): 41-45.

魏金鹏 , 于高波 , 赵松林 , 2011. 中国椰子产业经济发展分析 [J]. 热带农业工程 , 35 (10): 46-49.

Baudouin L, Lebrun P, Rognon F, et al., 2005. Use of molecular markers for coconut improvement [J]. BMC Complement Altern Med, 18 (1): 268-281.

Baudouin L, Lebrun P, 2009. Coconut (*Cocos nucifera* L.) DNA studies support the hypothesis of an ancient Austronesian migration from Southeast Asia to America [J]. Genet Resour Crop Evol (56): 257-262.

Baudouin L, Lebrun P, Berger A, et al., 2008. The Panama Tall and the Maypan hybrid coconut in Jamaica: Did genetic contamination cause a loss of resistance to Lethal Yellowing [J]. Euphytica, 161 (10): 353-360.

Chester K, 1951. The origin, variation, immunity and breeding of cultivated plants [M]. New York The Ronald Press Company.

DebMandal M, Mandal S, 2011. Coconut (*Cocos nucifera* L.: Arecaceae): in health promotion and disease prevention [J]. Asian Pac J Trop Med, 4 (3): 241-247.

Famurewa A C, Aja P M, Maduagwuna E K, et al., 2017. Antioxidant and anti-inflammatory effects of virgin coconut oil supplementation abrogate acute chemotherapy oxidative nephrotoxicity induced by anticancer drug methotrexate in rats [J]. Biomed Pharmacother (96): 905-911.

Foale M A, 2003.The Coconut Odyssey: the Bounteous Possibilities of the Tree of Life [M]. Can berra: Australian centre for International Agricultural Research.

Fuller D, 2007. Non-human genetics, agricultural origins and historical linguistics in South Asia [J]. Springer, 43 (10): 393-443.

Gunn B F, Baudouin L, Olsen K M, 2011. Independent origins of cultivated coconut (*Cocos nucifera* L.)in the old world tropics [J]. PLos One, 6 (6): e21143.

Harries H C, Baudouin L, Cardena R, 2004. Floating, boating and introgression: Molecular techniques and ancestry of the coconut palm populations on Pacific islands [J]. Ethnobot Res and App (2): 37-53.

Harries H C, 1978. The evolution, dissemination and classification of *Cocos nucifera*. L [J]. Bot Rev (44): 265-319.

Harries H, 1981. Germination and taxonomy of the coconut [J]. Ann Bot (48): 873-883.

Koschek P R, Alviano D S, Alviano C S, et al., 2007.The husk fiber of *Cocos nucifera* L. (Palmae)is a source of anti-neoplastic activity [J]. Brazilian Journal of Medical & Biological Research, 40 (10): 1339-1343.

Lebrun P, N'Cho Y P, Seguin M , et al., 1998. Genetic diversity in the coconut (*Cocos nucifera* L.)revealed by restriction fragment length polymorphism (RFLP) markers [J]. Euphytica (101): 103-108.

Lebrun P, N'Cho Y, Bourdeix R, 2003. Genetic diversity of cultivated tropical plants [M]. Paris, France: Science Publishers.

Martinez R, Baudouin L, Berger A, et al., 2010. Characterization of the genetic diversity of the tall coconut (*Cocos nucifera* L.)population by molecular markers microsatellite (SSR)types in the Dominican Republic [J]. Tree Genet Genom (6): 73-81.

Marina A M, Man Y B, Nazimah S A, et al., 2009. Antioxidant capacity and phenolic acids of virgin coconut oil [J]. Int J Food Sci Nutr (60): 114-123.

Mauro-Herrera M, Meerow A, Perera L, et al., 2010. Ambiguous genetic relationships among coconut (Cocos nucifera L.)cultivars: the effects of outcrossing, sample source and size, and method of analysis [J]. Genet Res and Crop Evol (57): 203-217.

Menon K P, Pandalai K M, 1958. The coconut palm, a monograph [J]. Kerala, South India: Indian Central Coconut Committee (5): 384-403.

Meerow A, Noblick L, Borrone J W, et al., 2009. Phylogenetic analysis of seven WRKY genes across the palm subtribe Attaleinae (Arecaceae)identifies Syagrus as sister group of the coconut [J]. Plos One, 4 (10): e7353.

Perera L, Russell J R, Provan J , et al., 1999. Identification and characterization of microsatellite loci in coconut (*Cocos nucifera* L.) and the analysis of coconut populations in Sri Lanka [J]. Mol Ecol (8): 344-346.

Perera I, Russell J R, Provan J, 2003. Studying genetic relationships among coconut varieties/populations using microsatellite markers [J]. Eupytica (132): 212-220.

Rajesh MK, Arunachalam V, Nagarajan P, et al., 2008. Genetic survey of 10 Indian coconut landraces by simple sequence repeats (SSRs) [J]. Sci Hortic (118): 282-287.

Rivera R, Edwards K J, Barker J H, et al., 1999. Isolation and characterization of polymorphic microsatellites in *Cocos nucifera* L. [J]. Genome (42): 668-675.

Sauer J D, 1971. A re-evaluation of the coconut as an indicator of human dispersal [M]. Austin University of Texas Press.

Tang L X, Liu L Y, Xu X M, 2003. Coconut Genetic Resources in China [J]. Cogent Newsletter (3): 14-15.

Teulat B, Aldam C, Trehin R, et al., 2000. An analysis of genetic diversity of the coconut (*Cocos nucifera*) population from across the geographic range using sequence-tagged microsatellite (SSRs) and AFLPs [J]. Theor Appl Genet (100): 764-771.

Tripathi R P, Mishra S N, Sharma B D, 1999. *Cocos nucifera*-like petrified fruit from the Tertiary of Amarkantak, M.P., India [J]. Paleobotanist (48): 251-255.

Ward G, Brookfield M, 1992.The dispersal of the coconut: did it float or was it carried to Panama [J]. J Biogeogr (19): 467-480.

Whitehead R A, 1966. Sample survey and collection of coconut germplasm in the Pacific islands [J]. Experimental Agriculture (1967): 128-141.

Wheeler R E M, Ghosh A, Deva K, 1946. Arikamedu: an Indo-Roman trading station on east coast of India [J]. Ancient India: Bulletin of the Archaeological Survey of India (2): 17-24.

Xiao Y, Xu P, Fan H K, 2017. The genome draft of coconut (*Cocos nucifera*) [J]. GigaScience (6): 1-11.

第二章　分子标记和DNA指纹图谱概述

广义的分子标记（molecular marker）是指可遗传并可检测的DNA序列或蛋白质。蛋白质标记包括种子贮藏蛋白和同工酶（指由一个以上基因位点编码的酶的不同分子形式）及等位酶（指由同一基因位点的不同等位基因编码的酶的不同分子形式）。狭义的分子标记概念只是指DNA标记。

理想的分子标记必须达到以下要求：① 具有丰富的多态性，自然存在着许多等位变异，不需要专门创造特殊的遗传材料；② 共显性遗传，即利用分子标记可鉴别二倍体中杂合基因型和纯合基因型，提供完整的遗传信息；③ 能明确辨别等位基因；④ 遍布整个基因组；⑤ 除特殊位点的标记外，要求分子标记均匀分布于整个基因组；⑥ 表现为“中性”（即无基因多效性），既不影响目标性状的表达，与不良性状无必然的连锁；⑦ 直接以DNA形式表现，在植物体的各个组织、各发育时期均可检测到，不受季节、环境限制，不存在表达与否的问题；⑧ 开发成本和使用成本尽量低廉；⑨ 在实验室内和实验空间重复性好（便于数据交换）。

第一节　分子标记的产生

DNA分子标记是以个体间核苷酸序列变异为基础的遗传标记，直接在DNA水平上检测生物个体之间的差异，是生物个体在DNA水平上遗传变异的直接反映。分子标记技术被广泛应用于遗传多样

性分析、种质资源鉴定、遗传图谱构建、QTL 定位及克隆、基因差异表达分析、基因定位及克隆、比较基因组学、系统进化研究、转基因植物鉴定及分子标记辅助育种等各个方面，是现代生物技术不可缺少的组成部分。在过去的 30 年当中，已经有许多种分子标记技术及其相对应的配套技术被开发出来，虽然传统上的 RFLP、RAPD、SSR、ISSR、AFLP 是应用最为广泛的几种分子标记技术，但是它们都有各自的缺点。RFLP 重复性好但检测过程复杂、成本高；RAPD 操作方便但重复性差，SSR 重复性好但需要对 SSR 位点进行测序而后设计引物，开发成本较高；ISSR 虽然重复性得到提高，但主要在非编码重复序列区域进行扩增，所得到的标记与性状遗传距离远；AFLP 操作复杂，对实验者和实验设备要求高，而且可靠性有待提高，因而限制了它们的应用。在这种情况下，许多改进的或新的分子标记技术大量涌现，为科研工作者提供了更多的选择可能。

一、可变重复序列

可变重复序列广泛存在于真核生物和原核生物基因组中，具有高度遗传多态性和高度重复性的 DNA 片段，其重复单位数目的可变性，是其长度多态性形成的主要机制。早在 1960 年后期，人们就在真核生物基因组中得到了大量的串联重复 DNA 序列，但直到最近 20 年才得到越来越广泛的应用。在真核生物基因组中串联重复分为以下 3 种：卫星 DNA（核心序列长度在几百个 bp 之间）、小卫星 DNA（核心序列长度在 10 ～ 100 bp）、微卫星 DNA（核心序列长度 <10 bp）。很多地方又把小卫星 DNA 称作可变数目串联重复序列（VNTR），将微卫星 DNA 称作短串联重复序列（STR）。VNTR 的重复单位长度一般在 6 ～ 70 bp，重复次数为数次至数百次。不同小卫星在基因组中有特定的位置，就重复单位而言，它是

多拷贝的，而对于特定基因座的片段长度等位基因而言，它又是单拷贝的。在同一基因座，每一个等位基因之间的长度差异刚好是重复单位的整倍数。不同座位的小卫星 VNTR 序列间的核心序列有极高的同源性，这是多基因座 DNA 探针 RFLP 分析的理论基础。在真核基因组中，串联重复 DNA 大多并不同编码区域相接近，其主要位于基因外区域。重复 DNA 可以由单个的核苷酸组成，也可以由大量或少量的多核苷酸重复而成。大多数甚至全部的高等真核生物中分布着几个或数千个的短串联重复序列拷贝，这些序列元件在不同的个体中呈现出高度的多样性，这些串联重复序列被定义为 STR 或微卫星和小卫星 DNA 这一术语，但其中的一些重复，特别是代表一个单独的基因座并且在个体之间存在长度多样性的重复也被称作 VNTR 基因座。VNTR 和 STR 作为重要的遗传标记系统，现在已经广泛应用于肿瘤生化研究、法医学个体识别、亲权鉴定和群体遗传学分析等领域。

随着研究工作的深入开展，人们在原核生物基因组中也发现了一些 VNTR 基因座。在还不了解某种细菌的全基因组时，可以用限制性内切酶对这种细菌的基因组进行酶切消化，形成带有黏性末端的酶切片段。然后人为地设计带有同样黏性末端的 DNA 衔接头，通过连接酶将衔接头与酶片段连接起来，这样就形成了一些两端为已知序列的片段。人们可以根据这些已知序列设计引物，进行 PCR 扩增。如果我们在设计引物时，将引物的 3′ 端延长，随意的超出已知的衔接头序列和酶切位点 1 至若干个核苷酸，那么只有那些末端序列与引物序列刚好吻合的酶切片段才能被扩增，而那些不能吻合的片段就从扩增图谱中消失了。从而使本来密密麻麻的条带变得清晰。这样利用低价的普通限制酶和恒场电泳就可以取得昂贵的长片段限制酶和脉冲场电泳的效果。这就是扩增片段长度多态性分析（AFLP）技术。人们在利用 AFLP 对原核生物进行基因分析时，发现一些扩增出来的片段其长度差异以某一基数成倍增加或减少。测序分析发现，这些片段中都含有一些相同的序列（核心序列），其长度不同是因此核心序列重复数的不同而造成的，从而在原核生物基因组中也发现了串联重复序列。但一直到 1998 年，前人才系统报道了结核分枝杆菌复合物中的 VNTR，认为 VNTR 在细菌的流行病学调查、菌株鉴别、认识交叉污染文库等方面都有潜在的巨大的应用价值；特别是在菌株分型方面具有重大意义。

1. 可变重复序列的形成机制

一般认为 DNA 复制修复过程中“滑链错配”（slipped-strand mispairing）是引发串联重复序列多态性的主要机制。这可以发生在不恰当的 DNA 错配修复路径中。重复 DNA 特殊的三级结构允许相邻重复之间发生错配，使得在 DNA 复制过程中可以发生插入或缺失，引起重复数不同。另外，重复数目多样性也可以由含有同一重复 motifs 的多基因座重组来解释。高度重复 DNA 拷贝数的扩增或减少可能是由于 DNA 的不均等交换引起的。例如，细胞分裂时，染色体的同源重组十分严格，只能在同源序列之间进行。然而由于卫星 DNA 的高度串联重复，一个重复序列可能和另一条 DNA 分子上的不等位的相同重复序列配对并发生交换。这种不均等交换使得用限制酶切割卫星 DNA 时，除了产生单体重复单位和多聚体重复单位这样的整数倍重复单位以外，还产生了 1/2 倍等非整数倍的重复单位。如果提高分辨率，还会发现 1/4 和 3/4 等非整数倍重复单位。

任何串联重复的 DNA 序列，不管其中是否含有编码的遗传信息，都将经受均一化作用。尽管这种均一化机制仍然众说纷纭，但其存在却是公认的。使串联重复的 DNA 序列保持均一化，目前一般认为有 2 种机制：一是交换固定；二是基因转换。这两种机制与基因扩增一起维持了串联重复序列的均一化。交换固定是由不等交换导致的基因组中的重复序列的形成。也就是说在姊妹染色体上的非等位重复序列之间发生了同源重组，结果产生了非均等交换。对于无编码功能的串联重复序列来说，非均等交换的两种产物均可能传递下去。因此突变序列要么被淘汰，要么迅速占据整个重复序列。而对于串联重复基因来说，在大多数情况下突变基因将被淘汰；但有功能的突变基因序列亦有可能迅速扩展。在非均等交换中拷贝数较少的重复序列可以在后代中通过基因扩增恢复原有的拷贝数。基因转换也是通过同源序列之间的重组而实现的。

2. 可变重复序列的功能

（1）在真核细胞中的可变串联重复序列。在真核细胞中，可变串联重复序列同调节功能有关。例如，在成纤维细胞中，重复序列多样性可以作为细胞裂解精确性的决定机制。很多人类串联重复序列特别是那些三核苷酸重复同人类的基因性疾病有关。1991 年前人首次发现人的脆性 X 综合征和 X 连锁脊髓肌肉萎缩（SBMA）是 VNTR 长度异常引起的，这种异常称为动态突变。迄今已发现 13 种由 VNTR 的长度异常引起的遗传性疾病。除少数为良性结果外，大部分的 VNTR 扩增都会导致诸如脆性综合征、强直性肌营养不良、SBMA、Huntington 病（HD）、脊髓小脑共济失调 I 型、齿状核红核苍白球丘脑下部萎缩、MJD 病和多指（趾）症等遗传病的发生。

有人认为表皮分化复合体基因族与串联重复序列有关，因为表皮分化复合体基因族有相同的基因结构。这个复合物的所有基因可能都起源于同一个祖先基因。尽管他们的基因序列并不相似，但是这个复合物的连锁基因具有同样的一般结构：编码区主要由单个外显子和大量不同的 STR 组成。故推测可能的进化机制是：首先单一的 CAG 序列重复生成了表皮分化复合体基因族的古老基因编码区，随后整个祖先基因成倍复制。在短序列复制过程中，有些位

点被其他的核苷酸替代并且受自然选择作用的影响，形成多态性序列，这些不同序列扩增形成了多种不同的有关表皮分化复合体的基因。

（2）在原核细胞中的串联重复序列。在原核细胞中，串联重复序列经常出现在基因编码区，其重复长度大多为3 bp或3 bp的倍数，其多态性可以改变表达蛋白质中的氨基酸序列，导致特殊的表现型。1989年人们在做嗜血流感杆菌的单克隆抗体时，发现脂多糖（LPS）有多个不同的表现型，其表现型的不同依赖于LICmRNA的翻译能力。经研究发现，在基因座licl中存在一个5′-CAAT-3′串联重复序列，其重复数的不同可以使三个ATG密码子中的一个位于蛋白质合成读码框之内或之外。这直接影响到蛋白质的合成和主要的氨基酸序列。后来，在基因组另外的区域也证实了有5′-CAAT-3′重复。相同的开关信息在*lic*2和*lic*3基因中也被证实，他们也参与LPS的生物合成。另外证明，在Nesseria和Moraxella catarrhalis中也存在同*lic*2基因相同的同源重复序列。

VNTR也可以位于基因间隔区，其多态性可能会影响下游基因的表达。串联重复序列可以位于开放式读码框（ORF）的上游或下游。在原核生物中，很多功能上相关的基因前后相连成串，由一个共同的转录区进行转录的控制。包括结构基因和控制区以及调节基因的整个核苷酸序列叫作操纵元。从结构基因溯流而上紧靠结构基因的部分叫作操纵子，从操纵子再溯流而上就是另一个结构区域，叫作启动子。发生在启动子上的转录过程可以分为3步：① RNA聚合酶结合到识别位点上。② 移动到一个识别位点。③ 建立一个所谓开放性启动子复合物。人们发现启动子 -10左右的一段核苷酸序列称作Pribnow框的是RNA聚合酶的牢固结合位点，由于RNA聚合酶的诱导作用，富含A/T的Pribnow框内的DNA双螺旋首先溶解，这个泡状物扩大到17个核苷酸左右，与RNA聚合酶形成开放性启动子复合物。从而使 RNA 聚合酶定向，按顺流方向移动行使转录功能。对于大多数启动子来说，在 RNA 聚合酶覆盖的部分还有一个重要的区域，叫作 Sextama 框，其位置在 -35 附近，又称作 -35 序列。-35 序列是 RNA 聚合酶初始结合位点，RNA 聚合酶依靠其 δ 亚基识别该位点，因此又称 RNA 聚合酶识别位点。RNA 聚合酶先结合于 -35 序列，然后才结合于 -10 序列。值得注意的是在 Pribnow 和 Sextama 框之间的碱基序列并不特别重要，因为这个序列的碱基替代突变对转录效率影响不大。然而这两个序列之间的距离却十分重要，距离的大小是决定启动子强度的重要因素之一。若串联重复序列位于这两个序列之间，则其重复数目的多少会对转录活性造成重要的影响。串联重复数目的多态性，可以改变上游起始因子同 ORF 复合物的结合，从而调控下游基因的翻译。例如，由 proA 基因编码的 Neisseria meningitidis 的外膜蛋白 class I 有 3 个不同的表达水平，研究发现其多样性是在转录水平上进行调节。它的转录起始位点位于翻译起始密码子上游 59 bp 处，序列分析表明在启动子区域 -35 至 -10 处存在一个核心序列为 G 的重复序列。当鸟嘌呤为 11 个、10 个和 9 个时，这个外膜蛋白分别表现为高表达、中等表达和不表达。

二、DNA 指纹图谱

DNA 指纹图谱是指能够鉴别生物个体之间差异的 DNA 电泳图谱，它是建立在 DNA 分子标记的基础之上。这种电泳图谱多态性丰富，具有高度的个体特异性和环境稳定性，就像人的指纹一样，因而被称为“指纹图谱”。指纹图谱是鉴别品种、品系（含杂交亲本、直交系）的有力工具，具有快速、准确等优点。因此指纹图谱技术非常适合于品种资源的鉴定工作。该技术已在各种作物品种资源和纯度鉴定研究中得到应用，并发挥着越来越重要的作用。

1. RFLP 图谱

RFLP 技术是 Grodzicker 等人于 1975 年创立的。该技术最早用于 DNA 水平上的品种鉴定分析。其基本原理是首先利用特定的限制性内切酶将生物基因组 DNA 进行酶切，获得大小不等的 DNA 片段。然后通过凝胶电泳分析形成不同的条带，最后经 Southern 杂交和放射自显影，即可揭示出 DNA 的多态性（图 2-1）。用于 RFLP 的探针主要来源是随机基因组 DNA 克隆和 cDNA 克隆两种。由于 RFLP 标记是共显性标记，检测可靠性高，所以，在任何类型的群体（如回交群体 BC，重组自交系 RIL，近等基因系 NIL 和双单倍体 DH 等）中 RFLP 标记一直是 DNA 指纹技术研究中的基础性标记。迄今为止，已有大量的 FRLP 标记在多种粮食与经济作物基因组中进行定位，包括水稻、玉米、小麦、大麦、棉花、大豆、番茄

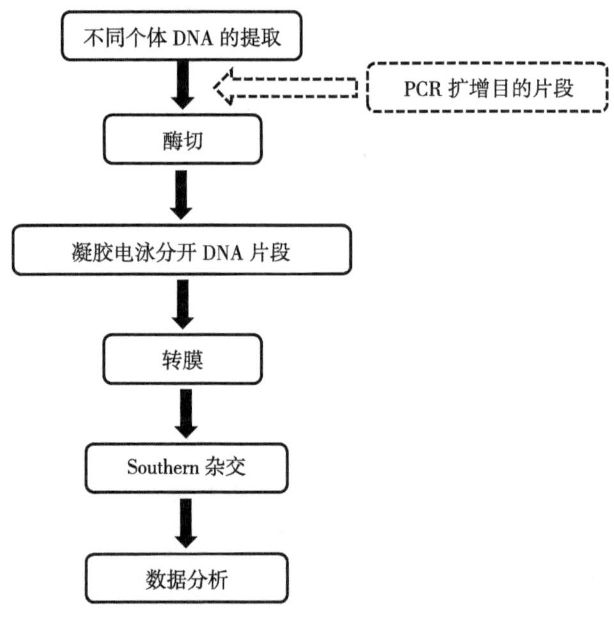

图 2-1　RFLP 技术的基本原理

和向日葵等重要粮食作物与经济作物。但是，由于 RFLP 的技术要求高，检测时间长，且成本较高，使得大规模应用受到限制。

2. RAPD 图谱

RAPD 技术是 1990 年由美国杜邦公司科学家 Williams 等和加利福尼亚生物研究所的 Welsh 和 MoClelland 发明的一种分子标记技术。它是以基因组 DNA 为模板，以一个随机的寡聚核苷酸序列作引物，通过 PCR 扩增，产生不连续的 DNA 产物，用以检测 DNA 序列的多态性（图 2-2）。它可以在对物种没有任何分子生物学研究的情况下，对其进行基因组指纹图谱的构建，与 RFLP 技术相比，具有 DNA 用量少、简单快速、引物无种属特异性和不使用放射性同位素等优点。因此受到许多学者的重视，广泛应用于小麦、玉米、高粱和水稻等作物的研究。但是 RAPD 技术也有不足之处：稳定性差，结果重复性不好；RAPD 一般为显性标记，不能鉴定杂合子；RAPD 标记在基因组中分布不均匀，每个标记提供的信息量较少。

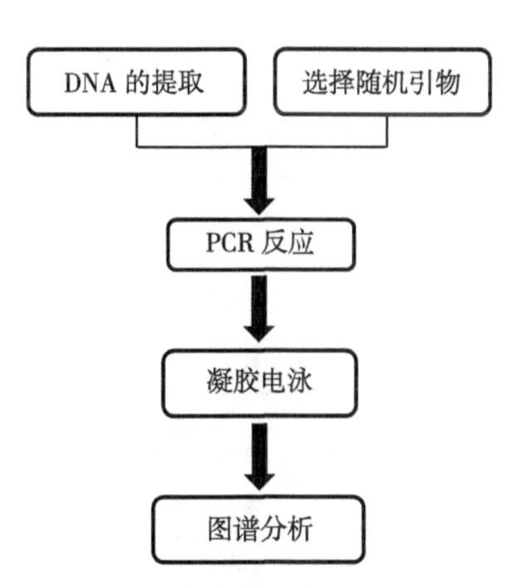

图 2-2　RAPD 技术的基本原理

3. AFLP 图谱

AFLP 技术是 1993 年荷兰 Keygene 公司 Zebeau 和 Vos 发明的一种 DNA 分子标记技术。其基本原理是选择性扩增基因组 DNA 的酶切片段，由于不同材料的 DNA 酶切片段存在差异，因而便产生了扩增产物的多态性（图 2-3）。选择性扩增是通过在引物 3′ 端加上选择性核苷酸而实现的，改变选择性核苷酸的数目，就可以预先决定所要扩增的片段数目。由此可见，AFLP 实际上是 RFLP 和 PCR 相结合的一种方法，它结合了 RFLP 稳定性和 PCR 技术高效性的特点。AFLP 可分析基因组较大的作物，其多态性很强，利用放射性标记或银染法在变性的聚丙烯酰胺凝胶上可检测到 100 ～ 150 个扩增产物，因而非常适合绘制品种的指纹谱图及进行分类研究。因此，AFLP 技术虽产生不久却备受青睐，已应用于水稻、大豆、大麦、马铃薯和白菜等多种作物上。研究表明，AFLP 产生的

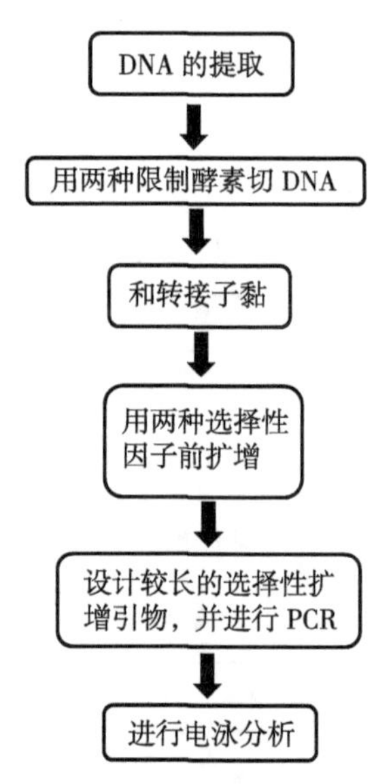

图 2-3　AFLP 技术的基本原理

（注：摘自王斌等，1996）

多态性远远超过 RFLP 和 RAPD 等技术，因而被认为是指纹图谱技术中多态性最丰富的一项技术。但该技术已申请专利，在生产及商业上的应用受到一定的限制。

4. SSR 图谱

SSR，微卫星 DNA，又称简单序列重复，是近几年在 PCR 基础上发展起来的第二代分子标记。SSR 是一种真核生物基因组中普遍存在的重复序列，重复序列一般由 1 ～ 6 个碱基组成，重复次数在不同物种或同一物种不同基因型之间是高度可变的。这些重复序列两端大多是保守的单拷贝序列，因此可以根据保守序列设计特异引物，通过 PCR 技术将中间的核心重复序列扩增出来，利用琼脂糖电泳或聚丙烯酰胺凝胶电泳分析技术可获得其长度多态性。SSR 具有 RFLP 的所有遗传学优点，且避免了 RFLP 技术中的使用放射性同位素的缺点，又比 RAPD 的重复性和稳定性高，因而目前已成为遗传标记中研究热点。SSR 以用于番茄、大豆、水稻、玉米等许多作物。然而由于 SSR 技术必须针对每个染色体座位的微卫星，发现其两端的单拷贝序列才能设计引物，这给微卫星标记的开发带来了一定的困难。

5. ISSR 图谱

ISSR 是一种新型的分子标记，是由 Zietkiewicz 等于 1994 年创建了一种简单序列重复扩增多态性的分子标记。它的生物学基础仍然是基因组中存在的 SSR。ISSR 标记根据植物中广泛存在的 SSR 的特点，利用植物基因组中出现的 SSR 本身设计引物，无须预先克隆和测序，其基本原理如图 2-4 所示，用锚定的微卫星 DNA 为引物，即在 SSR 序列的 3′ 端或 5′ 端加上 2 ～ 4 个随机核苷酸，在 PCR 反应中，锚定引物可引起特定位点退火，导致与锚定引物互补的间隔不太大的重复序列间 DNA 片段进行 PCR 扩增，所扩增的两个 SSR 区域之间的多个条带通过聚丙烯酰胺凝胶电泳得以分辨，

扩增带多为显性表现。ISSR通常为显性标记，呈Mendel式遗传，且有很好的稳定性和多态性，因而是非常理想的分子标记，可用于构建PCR为基础的分子图谱。但它与RAPD相似，不能鉴别检测位点的纯合与杂合状态。

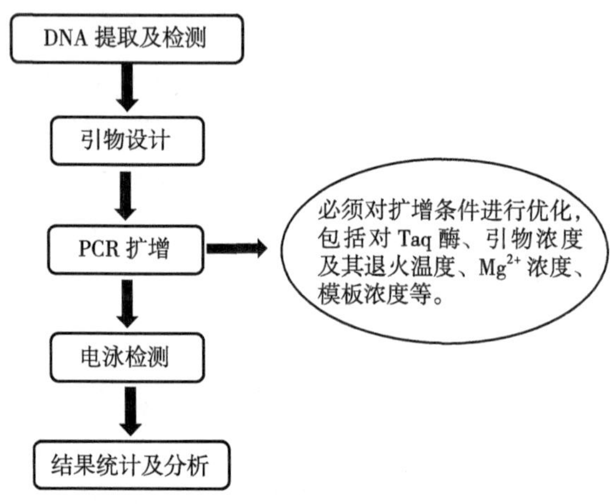

图2-4　ISSR技术的基本原理

6. SNP图谱

1994年，单核苷酸多态性这个术语第一次出现在人类分子遗传杂志上，随后Lander（1996）第一次正式提出SNPs为新一代分子标记。简单讲，它是指基因组DNA序列中由于单个核苷酸（A，T，C，G）的替换而引起的多态性。因此，通常所说的SNPs不包括碱基的插入、缺失以及重复序列拷贝数的变化。一个SNP表示在基因组某个位点上有一个核苷酸的变化，主要由单个碱基的转换（以一种嘧啶置换另一种嘧啶C/T或一种嘌呤置换另一种嘌呤A/G）以及颠换（嘌呤与嘧啶互换，C/A，C/G，A/T）所引起。从技术上来讲，凡是检测点突变的方法都可用于鉴定SNPs，在实际应用时要根据研究目的、实验室设备与技术条件及经费情况进行选择。在众多的方法中，根据等位基因特异的寡聚核苷酸 PCR 或杂交、限制性位点酶切、寡聚核苷酸连接以及引物延伸等方法较为常见。

SNP 是继限制性片段长度多态性（RFLP）和微卫星多态性（SSR）之后发展起来的第三代分子标记技术。与前两代分子标记技术相比，它具有以下优点：① 数量多，分布广泛。它是目前为止分布最为广泛、存在数量最多且标记密度最高的一种遗传多态性标记。② 遗传稳定性高，遗传分析重现性好且准确性高。③ 易于快速且高通量地进行基因型分型。由于 SNP 的二态性，非此即彼，在基因组中往往只需 +/- 的分析，而无须像检测 SSR 标记那样分析片段的长度，这就有利于自动化的筛选或检测技术的开发。

第二节　遗传学标记的类型及其发展

遗传标记是指在遗传分析上用作标记的基因，也称为标记基因。在重组实验中多用于测定重组型和双亲型。作为标记基因，其功能不一定研究得很清楚但应突变性状是明确的，所以容易测定。对于微生物虽多用与生化性状有关的基因，但对高等生物则多用与形态性状有关的基因。也有用着丝粒作为遗传标记的。在微生物遗传学中遗传标记还区分为选择性标记（或称选择性基因）和非选择性标记（或称选择性基因）两类。

遗传标记包括形态学标记（morphological marker）、细胞学标记（cytological marker）、生物化学标记（biochemical marker）、免疫学标记（immune genetic markers）和分子标记（molecular marker）五种类型。自从 19 世纪中期，奥地利学者孟德尔首创了将形态学性状作为遗传标记的应用先例以来，遗传标记得到发展和丰富。形态学标记、细胞学标记、生物化学标记、免疫学标记等一直被广泛

应用，然而这些标记都无法直接反映遗传物质的特征，仅是遗传物质的间接反映，且易受环境的影响，因此具有很大的局限性。DNA 作为遗传物质的载体，是研究动物遗传特性的一个重要指标。20 世纪 80 年代以来，随着分子生物学技术和分子遗传学的迅速发展，分子克隆及 DNA 重组技术的日趋完善，研究者对基因结构和功能研究的进一步深入，在分子水平上寻找 DNA 的多态性，以此为标记进行各种遗传分析。DNA 分子标记直接反映 DNA 水平上的遗传变异，能稳定遗传，信息量大，可靠性高，消除了环境影响。DNA 水平的遗传标记自产生以来得到广泛应用。

一、形态学标记

形态标记是指利用肉眼可见的或仪器测量生物的外部特征（如毛色、体型、外形、皮肤结构等），其包括质量性状作遗传标记和数量性状作遗传标记，例如作物的株高、种子的粒形、果实的颜色等（图 2-5，见彩色图版），以这种形态性状、生理性状及生态地理分布等特征为遗传标记，研究物种间的关系、分类及鉴定。形态学标记是最早被使用和研究的一类遗传标记，在遗传的分离规律、自由组合定律和连锁交换定律以及群体遗传学和数量遗传学的研究和应用等方面发挥着重要的作用。它具有易于识别和掌握、简单直观等优点，但也具有标记数量少、得到的数据不够完善、多态性差和易受环境因素影响等不足，因此需要生物统计学知识进行严密的分析。但是用直观的标记研究质量性状的遗传显得更简单、方便。目前此法仍是一种有效手段并发挥着重要作用。

二、细胞学标记

细胞学标记主要指染色体组型和带型。染色体组型是指生物体细胞所有可测定的染色体特征总称。包括染色体总数、染色体组数、每条染色体大小和形态、着丝点的位点等（图 2-6，见彩色图版）。它是物种特有的染色体信息之一，具有很高的稳定性和再现性。对鉴别真假杂种、研究染色体结构和数目的变异、物种起源和生物的遗传进化等具有重要价值。带型是用染色体分带技术所产生的明显的染色体（暗带）和未染色的明带相间的带纹，使染色体呈现鲜明的个体性。因此，可以把染色体带型作为一种遗传标记，有效地识别不同物种之间、同一物种不同染色体之间的差异。带型有 Q 带、G 带、R 带、T 带等带型，但是该遗传标记也有其标记数目有限的弱点。

三、生物化学标记

生物化学标记是指以生物体内生化性状为标记，主要包括同工酶和贮藏蛋白两种标记。同工酶是指同一种属中功能相同但结构不同的一组酶，它是由不同基因位点或等位基因编码的多肽链单体、纯聚体、杂聚体。同工酶是生物体代谢的调节者，与特殊的生理功能和细胞分化相联系，也与基因进化和物种的演变相关，因此，同工酶即可作为生理指标又可作为遗传标记在生物群体的遗传进化和分类研究中广为应用。另外，同工酶研究也有助于探讨生物个体发育过程中基因表达与调控。生化标记的分析方法是从植物组织的蛋白粗提物中通过电泳和组织化学染色法将酶的多种形式转变成肉眼可辨的酶谱带性（图 2-7）。其具有简便、经济、快速和准确等优点，但是同样具有标记数目有限的缺点。贮藏蛋白与种子的萌发等发育过程有关，也具有生物种属的特异性，可以作为遗传标记。例如，马铃薯蛋白是马铃薯块茎中的主要蛋白（贮藏蛋白），玉米醇溶蛋白是玉米种子内的贮藏蛋白，按其结构和溶解度分为 α、β、γ 和 δ 四大类等。而其他生物中无该贮藏蛋白，却有其特异的贮藏蛋白。

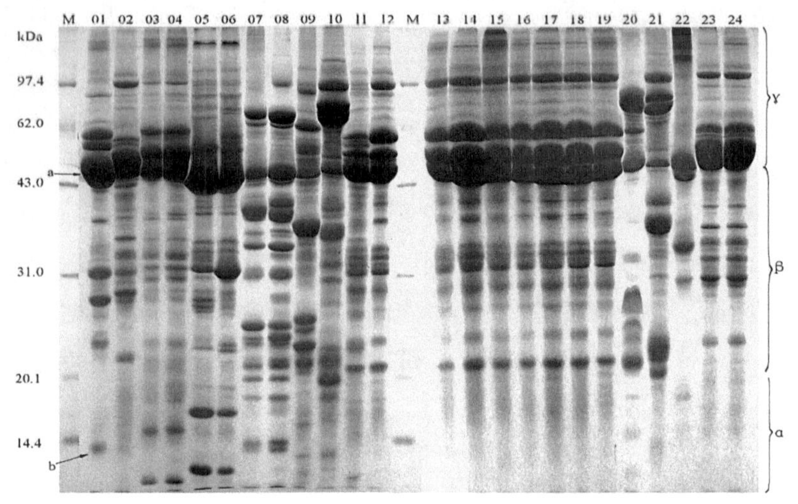

图 2-7　生物化学标记带型图

（注：摘自肖复明等，2003）

四、免疫学标记

免疫标记技术是指用荧光素、酶、放射性同位素或电子致密物质等标记抗原或抗体进行的抗原 - 抗体反应。免疫标记技术不仅极大地提高了抗原抗体反应的敏感性，以便对微量物质进行定性或定量检测，而且结合以显微镜或电镜技术，能对待测物进行精确的定位检测。免疫标记技术主要有 3 种基本类型：免疫荧光法、免疫酶技术和放射免疫技术。

常用的标记物有荧光素、酶、放射性核素及胶体金等。免疫标记技术具有快速、定量或定性甚至定位的特点，是应用最广泛的免疫学检测技术。常用的免疫荧光素主要有：① 异硫氰酸荧光素（FITC），最大吸收光谱为 490 ～ 495 nm，最大发射光谱为 520 ～ 530 nm，呈黄绿色荧光。② 四乙基罗丹明（RB200），最大吸收光谱为 570 nm，最大发射光谱为 595 ～ 600 nm，呈明亮橙色荧光。

③ 四甲基异硫氰酸罗丹明（TRITC），最大吸收光谱为 550 nm，最大发射光谱为 620 nm，呈橙红色荧光。

五、分子标记

分子标记是以个体间遗传物质内核苷酸序列变异为基础的遗传标记，是 DNA 水平遗传多态性的直接表现，能反映生物个体或种群间基因组中某种差异特征的 DNA 片段（图 2-8）。

此 DNA 片段是将基因组 DNA 经过限制性内切酶切割和分子杂交或 PCR 扩增后在电泳凝胶上（或杂交膜上）检测。与前 4 种遗传标记相比较，DNA 分子标记具有诸多优点：① 能在生物各发育时期的个体、组织、器官和细胞中进行检测，直接以 DNA 的形式表现，不受环境影响，不存在基因表达与否的问题。② 数量丰富，遍及整个基因组。③ 遗传稳定，多态性高。④ 对生物体的影响表现为"中性"，不影响目标性状的表现，和不良性状无必然连锁。⑤ 多为无显性，能为鉴别纯合基因型和杂合基因型提供完整的遗传信息。⑥ 操作简便等。这些优点使其广泛地应用于生物基因组研究、进化分类、遗传育种、医学和法学等方面，成为分子遗传学和分子生物学研究与应用的主流之一，并且对社会产生巨大冲击。目前，被广泛应用的 DNA 分子标记主要有 RFLP（限制性片

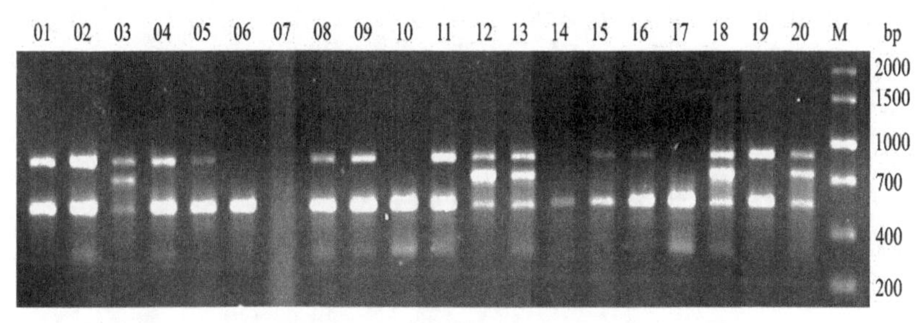

图 2-8　DNA 分子水平标记研究

段长度多态性）、RAPD（随机扩增片段长度多态性）、ALFP（扩增片段长度多态性）、STS（序列标记位点）、SSR 或 SSLP（简单重复序列）和 DNA 指纹技术等。

第三节　DNA 指纹图谱的特点

1985 年，英国来斯特大学遗传系的 Jeffreys 及其同事在《Nature》杂志上报道了他们对人体基因组高变区的突破性研究。他们用肌红蛋白基因第一个内含子中的串联重复序列（重复单位长 33 bp）作探针，从人的基因文库中筛选出 8 个含有串联重复序列（小卫星）的重组克隆。经序列分析，发现每个克隆都含有一个长 0.2 ～ 2.0 kb、由重复单位重复 3 ～ 29 次组成的小卫星 DNA。尽管这 8 个小卫星的重复单位的长度（16 ～ 64 bp）和序列不完全相同，但都含有一段相同的核心序列，其碱基顺序为 GGGCAGGAA。他们用 16bp 重复单位（主要为核心序列）重复 29 次而成的小卫星 33.15 做探针，与人基因组酶切片段进行 Southern 杂交，在低严谨条件下杂交产生由 10 多条带组成的杂交图谱，不同个体杂交图谱上带的位置是千差万别的。随后他们用另外一个小卫星探针 33.6 进行测试，获得了类似的图谱。这种杂交图谱就像人的指纹一样因人而异，因而被形象地称之为 DNA 指纹图谱（DNA finger print），又名遗传指纹图谱（genetic finger print）。产生 DNA 指纹图谱的过程叫作 DNA 指纹分析（DNA finger printing）。

一、DNA 指纹图谱的基本特点

1. 多位点性

基因组中存在上千个小卫星位点，某些位点的小卫星重复单位含有相同或相似的核心序列。在一定的杂交条件下，一个小卫星探针可以同时与十几个甚至几十个小卫星位点上的等位基因杂交。一般来说，一个 DNA 指纹探针（又称多位点探针）产生的某个个体 DNA 指纹图谱由 10 ～ 20 多条肉眼可分辨的图带组成。由于大部分杂合小卫星位点，仅一个等位基因出现在图谱的可分辨区内（两个等位基因由于重复单位、重复次数不同，在长度上差异很大），因而每条可分辨图带代表一个位点。很多的研究表明，个体 DNA 指纹图谱中的带很少成对连锁遗传，所代表的位点广泛地分布于整个基因组中。一个传统的 RFLPs 探针一次只能检测一个特异性位点的变异性，所产生的图谱一般由 1 ～ 2 条带组成，仅代表一个位点。因此两者比较而言，DNA 指纹图谱更能全面地反映基因组的变异性。

2. 高变异性

DNA 指纹图谱的变异性由两个因素所决定，一是可分辨的图带数，二是每条带在群体中出现的频率。DNA 指纹图谱反映的是基因组中高变区，由多个位点上的等位基因所组成的图谱必然具有很高的变异性。DNA 指纹图谱在个体或群体之间表现出高度的变异性，即不同的个体或群体有不同的 DNA 指纹图谱。一般选用任何一种识别 4 个碱基的限制性内切酶，这种变异性就能表现出来。对人的 DNA 指纹图谱的研究表明，DNA 指纹图谱中的大部分谱带都以杂合状态存在，平均杂合率大于 70%，某些大片段的杂合率甚至高达 100%。用探针 33.15 进行 DNA 指纹分析时，发现两个无血缘关系的个体具有相同 DNA 指纹图谱的概率仅为 3×10^{-11}；而将探针 33.15 和 33.6 产生的 DNA 指纹图谱综合起来分析时，则这种概率为 5×10^{-19}，可见 DNA 指纹图谱具有高度的个体特异性。但是，同卵双胞胎的 DNA 指纹图谱是相同的，因其有完全相同的基因组。值得注意的是，由于琼脂糖凝胶电泳分辨率的限制，DNA

指纹图谱大片段区域的变异性往往很高，而小片段区域的变异性则很低，因此在实际操作时往往将小于 2 kb 的小片段跑出胶外或不做统计。

3. 简单而稳定的遗传性

通过家系分析表明，DNA 指纹图谱中的谱带能够稳定地从上一代遗传给下一代。子代 DNA 指纹图谱中的每一条带都能在其双亲之一的图带中找到，而产生新带的概率（由基因突变产生）仅在 0.001 ～ 0.004 之间。DNA 指纹图谱中的杂合带遵守孟德尔遗传规律，双亲的各图带平均传递给 50% 的子代。DNA 指纹图谱还具有体细胞稳定性，即用同一个体的不同组织如血液、肌肉、毛发、精液等的 DNA 做出的 DNA 指纹图谱是一致的，但组织细胞的病变或组织特异性碱基甲基化可导致个别图带的不同。

二、DNA 分子标记的优点

分子标记是继形态标记、细胞标记和生化标记之后发展起来的一种较为理想的遗传标记形式，它以蛋白质、核酸分子的突变为基础，检测生物遗传结构与其变异。常见的几种分子标记有 RFLP、RAPD、AFLP、SSR、ISSR、SNP 及 EST 等。分子标记技术从本质上讲，都是以检测生物个体在基因或基因型上所产生的变异来反映生物个体之间的差异。每一种分子标记都有其自身的特点和特定的应用范围，但就一般意义而言，DNA 分子标记与形态标记和生化标记等相比，具有许多独特的优点：① 不受组织类别、发育阶段等影响。植株的任何组织在任何发育时期均可用于分析；② 不受环境影响。因为环境只影响基因表达（转录与翻译），而不改变基因结构即 DNA 的核苷酸序列；③ 标记数量多，遍及整个基因组；④ 多态性高，自然存在许多等位变异；⑤ 有许多标记表现为共显性，能够鉴别纯合基因型和杂合基因型，提供完整的遗传信息；

⑥ DNA 分子标记技术简单、快速、易于自动化；⑦ 提取的 DNA 样品，在适宜条件下可长期保存，这对于进行追溯性或仲裁性鉴定非常有利。因此，DNA 分子标记可以弥补和克服在形态学鉴定及同工酶、蛋白电泳鉴定中的许多缺陷和难题，因而在品种鉴定方面展示了广阔的应用前景。见标记的优点见表 2-1。

表 2-1　7 种分子标记的优点

分子标记	优点
RFLP	RFLP 标记的等位基因具有共显性的特点，结果稳定可靠，重复性好，特别适用于构建遗传连锁图
RAPD	与 RFLP 相比，RAPD 技术简单，检测速度快，DNA 用量少，实验设备简单，不需要 DNA 探针，设计引物也不需要预先克隆标记或进行序列分析，不依赖于种属特异性和基因组的结构，合成一套引物可以用于不同生物基因组分析，用一个引物就可扩增出许多片段，而且不需要同位素，安全性好
AFLP	AFLP 兼具 RAPD 与 RFLP 的优点，有较高的稳定性，用少量的选择性引物能在较短时间内检测到大量位点，并且没对引物所检测到的多个位点都或多或少地随机分布在多条染色体上，各染色体上 AFLP 标记的数目与染色体长度呈正相关，而一对引物获得的标记涉及的染色体数与标记呈正相关。因此，通过少量效率高的引物组合，可获得覆盖整个基因组的 AFLP 标记
SSR	SSR 已被广泛应用于基因定位和克隆、疾病诊断、亲缘分析或品种鉴定、农作物育种、进化研究等领域。此外，SSR 标记不仅能够鉴定纯合体和杂合体，而且结果更加可靠，方法简单，省时省力

表 2-1（续）

分子标记	优点
ISSR	SSR 在真核生物中的分布是非常普遍的，并且进化变异速度非常快，因而锚定引物的 ISSR-PCR 可以检测基因组许多位点的差异。与 SSR-PCR 相比，用于 ISSR-PCR 的引物不需要预先的 DNA 测序，也正因如此，有些 ISSR 引物可能在特定基因组 DNA 中没有配对区域而无扩增产物，通常为显性标记，呈孟德尔式遗传，且具有很好的稳定性和多态性
SNP	检测 SNP 的最佳方法是 DNA 芯片技术，微芯片电泳可以高速度地检测临床样本的 SNP，它比毛细管电泳和板电泳的速度可分别提高 10 倍和 50 倍。SNP 与第 1 代的 RFLP 及第 2 代的 SSR 标记的不同有两个方面：① SNP 不再以 DNA 片段的长度变化作为检测手段，而直接以序列变异作为标记。② SNP 标记分析完全摒弃了经典的凝胶电泳，代之以最新的 DNA 芯片技术
EST	EST 可代表生物体某种组织某一时间的一个表达基因，所以被称之为“表达序列标签”，而 EST 的数目则显示出其代表的基因表达的拷贝数，一个基因的表达次数越多，其相应的 cDNA 克隆越多，所以通过对 cDNA 克隆的测序分析可以了解基因的表达丰度。目前构建 cDNA 文库一般都使用试剂盒，方法成熟，而且飞速发展的 DNA 测序技术，也使得进一步降低大规模 DNA 序列测定成本成为可能

三、DNA 分子标记的要求

从 1974 年 Conodzicber 等创立限制性片段长度多态性技术以来，DNA 分子标记研究十分活跃，大致可分为 3 类。

第 1 类：以电泳技术和分子杂交技术为核心的分子标记技术。

第 2 类：以电泳技术和 PCR 技术为核心的分子标记技术。

第 3 类：以 DNA 序列为核心的分子标记技术。

现将 3 类代表性分子标记技术列于表 2-2。

表 2-2　常用 DNA 分子标记比较

	Ⅰ类		Ⅱ类			Ⅲ类
核心技术	RFLP 电泳技术， 分子杂交技术	DNA 指纹技术 电泳技术， 分子杂交技术	RAPD 电泳技术， PCR 技术	SSR 电泳技术， PCR 技术	AFLP 电泳技术， PCR 技术	DNA 区域测定 DNA 测序技术
多态性水平	中	较高	较高	高	高	中
可靠性	较高	较高	较低	较低	较高	较高
DNA 质量要求	高	高	低	低	低	高
是否用同位素	是	是	否	否	否	是
技术难度	难	难	易	易	难	易
费用	中等	中等	低	高	高	中等

第四节　DNA 指纹图谱应用

DNA 指纹图谱的出现，为遗传研究、基因组分析及亲缘关系的鉴定提供了十分有效的手段。该方法在法医学、动植物科学及流行病学等领域得到了广泛的应用。

一、法医学

分子生物学在法医中的应用，主要是通过 DNA 分析，从毛发、血迹和其他罪犯留下的痕迹中寻找证据。这种技术就是遗传指纹分析（DNA 指纹谱图）。在实际应用中，可利用这些方法区分不同的人，确定家庭成员的血缘关系等。

1. 利用 DNA 指纹分析鉴定犯罪嫌疑人

DNA 指纹技术则将个人的 DNA 作为特有的指纹图谱。这种 DNA 指纹图谱具有高度的个体特异性和遗传稳定性，而且在同一个体的各种细胞内部都一致。像多态性一样，除了同卵双生者外，每个人均不相同。两个人具有完全相同的 DNA 指纹图谱的概率为 $1:10^{11}$。因此，DNA 指纹图谱作为身份鉴定十分可靠，在法医学上，可以通过犯罪现场的血迹，强奸后留在衣服上的精液痕迹等进行 DNA 指纹测定，从而做出肯定的判断。这已在破案过程中起了很大作用，用 DNA 指纹图谱成功侦破的第一个案件是：英国警察破获的在同一地区连续发生两起 15 岁女孩被强奸后勒死的案件。根据 DNA 指纹谱图，警察判定为同一人所为，在普查了 5 000 人的 DNA 指纹图谱后，终于查出了强奸杀人犯。美国加州警察署建立世界上第一个罪犯的计算机 DNA 指纹图库。1987 年，我国公安部开始对 DNA 多态性进行研究，病引进了卫星 DNA 探针，成功地获得了清晰而又容易判读的 DNA 指纹图谱。并且已对 120 份无关个体血样 DNA 进行了测试，个体之间谱带各异，说明用于个体识别是完全可能的。

2. 利用 DNA 指纹图谱分析血缘关系

DNA 指纹图谱分析不仅可以鉴定罪犯，还可以来判断两个或者更多的人是否是同一个家庭的成员，为确定家族的亲缘关系如亲子鉴定提供了一个有效的新方法，通过比较母亲及其孩子的 DNA 指纹图谱，可鉴别出不在母亲中出现的 DNA 片段，必然是从其生物学父亲遗传来的。所以，DNA 指纹图谱可以肯定谁是孩子的父亲。这在鉴定私生子的亲缘关系，解决遗产争端等过程中起很大的作用。

3. 通过 DNA 分析进行性别鉴定

DNA 分析可以用于个体的性别鉴定，还能被用来鉴定未出生孩子的性别，亦可对考古学标本进行鉴定性别。最简单的 DNA 分析鉴定性别方法是设计一个对 Y 染色体上某个区域特异的 PCR。如牙釉蛋白基因的 PCR，牙釉蛋白基因编码牙釉质上的蛋白。它在 X、Y 染色体上均有存在，当核苷酸序列按照插入缺失多态性的顺序排列时，这两个拷贝却完全不同，有的基因片段被插入一个序列，有的则从另外一个序列中被删除，如果 PCR 的引物在退火后连接到插入缺失多态性位点的两侧，那么 X 染色体和 Y 染色体就会有不同的大小。

二、动植物科学

1. 品种鉴定与知识产权保护

在我国建立起主要作物品种的标准 DNA 指纹图谱，对于保护我国名、优、特种质及育成品种的知识产权和育种家们的权益等均有重要意义。

蔺草是我国南方的重要特色作物之一，俗称席草，其草茎可编制榻榻米、草席、草垫等。2003 年 7 月 8 日，日本正式实施《种苗修改法》，且日本海关已接受了熊本县申请，同年 12 月 2 日首次做出检测国外蔺草的决定，对进口蔺草进行外观及 DNA 检测，一旦认定是侵犯日本品种专利权的产品，将予以没收和销毁，并对销售和进出口企业或个人进行处罚。对此，对我国现有的蔺草品种资源进行有效的鉴定显得尤为重要。

2. 品种纯度和真实性检测

在育种研究过程中，育种专家对新育成品种或品系的遗传纯度需要进行检测，同时，由于诸多的原因可能导致作物品种、品系或自交系间的混杂，也需要监测。DNA 指纹图谱具有高度的个体特异性，甚至可以区分开一些基因组中的微小变异，因而是一种理想的品种纯度和真实性检测技术。如彭锁堂等（2003）选用分布于水稻 12 条染色体上的 26 对 SSR 引物标记对我国 9 个主要杂交水稻组合及其亲本进行了 SSR 标记图谱分析，结果发现，21 对分子标记共扩增出 62 条条带，平均 2.95 条，能有效地区分所有恢复系和大部分不育系。杂交种条带均为父母本的互补型，适合做杂交种纯度鉴定。他们还利用 SSR 标记 RM17 对两大杂交稻组合汕优 63 和两优 09 进行了 100 粒单种子 SSR 鉴定，所测纯度分别为 96.0% 和 98.0%，与田间纯度 96.2% 和 97.7% 非常接近，显示出 SSR 技术在品种纯度和真实性鉴定中具有广阔的应用前景。

3. 畜牧业和水产业方面的应用

DNA 指纹技术在畜禽方面的应用时间较早，1988 年 Geoges 研究了牛、马和猪的 DNA 指纹图谱。在国内，孟安明等分析了鸡、鸭和鹌鹑的 DNA 指纹图谱。实验表明，运用 DNA 指纹技术对畜禽个体鉴别具有很高的准确性，可用于解决涉及畜禽拥有权的争端。

在畜禽育种上，通过 DNA 指纹技术可以监测到基因组的变化，进而分析遗传纯度。Gillbert 等应用 DNA 指纹图谱法对 6 个不同地区的狐狸种群进行聚类分析，其结果与考古及地理记录相吻合。在国内，通过 DNA 指纹分析，对小白鼠、鸡、香猪、长白猪等做了品种间及品系间的遗传分析。

指纹图谱技术也是鉴定水产品种的有力工具。王进科、周开亚、高志千等利用 DNA 指纹图谱技术对中华绒螯蟹进行了深入研究，对于检测良种质量和保护名优种质等起到了重要的作用。应用 DNA 探针还可快速、灵敏、准确地检测病原生物，目前已用于鱼虾和贝类生病的早期诊断。

三、流行病学

流行病学是人们在不断地同严重危害人类健康的疾病做斗争中发展起来的。早年，传染病在人群中广泛流行，曾给人类带来极大的灾难，人们针对传染病进行深入的流行病学调查研究，采取防制措施，常见的流行病类型有流行性感冒、脑膜炎、霍乱、淋病等。DNA 指纹技术被广泛地应用一些疾病的诊断及治疗，并起到一定的效果。现在有很多流行病症，通过 DNA 指纹技术得到了诊断。

王仲元等（2006）采用随机引物 PCR 扩增方法（RAPD）对两组 6 例暴发流行的肺结核患者的痰结核分枝杆菌 DNA 进行了指纹多态性分析，发现 6 株病原菌均为结核分枝杆菌。经 RAPD 分析，其中例 1 和例 2 菌株的 DNA 指纹图谱完全相同，例 3 ～ 6 菌株的 DNA 指纹图谱有所不同。证明例 1 和例 2 所染病原菌的同源性很好，很可能为同一个感染源，母女间交叉感染的可能性很大；例 3 ～ 6 病原菌的同源性较差，为非交叉感染。该结果表明 RAPD 方法可获得较好的 DNA 指纹多态图谱。是一种简便、实用且相对比较便宜的 DNA 指纹技术，适于临床实验室进行分枝杆菌的分子流行病学调查。周琳等（2017）根据结核分枝杆菌 DNA 指纹图谱分析，220 株耐多药结核分枝杆菌均产生特征 DNA 指纹图谱，DNA

指纹图谱变异很大。每一菌株 DNA 指纹的拷贝数介于 3 ~ 18 之间。其中大部分菌株，即 205 株（93.2%）包含 6 ～ 13 个拷贝，平均为 11 个带。这 205 株 DNA 指纹图谱中，162 株为特异的，揭示它们在流行病学上是独立的。有 58 株（26.4%）指纹图谱组成了 15 个簇，每簇 2 ～ 8 株，它们的 DNA 指纹图谱相同，可能代表了近期的传播。该研究结果表明，结核杆菌 DNA 指纹技术检测可应用耐多药结核分枝杆菌 DNA 指纹图谱分型，并可用于耐多药结核病分子流行病学调查。

邹浪萍等（2017）应用 33.6 探针制备的 DNA 指纹图，对白血病患者的 DNA 指纹图改变进行了探索和研究，检测了 27 名白血病患者的 DNA 指纹图谱，观察到了 2 例患者有谱带的异常，但 3 例患者的指纹图谱带异常均为一条，这些改变对 DNA 指纹图在白血病患者中的法医学应用有一定影响。

鲍长途等（2019）利用 RAPD 技术探讨医院感染常见病原菌的基因鉴定及分型，了解其分子流行病学情况。应用 RAPD 技术成功地检测了儿科病房呼吸道合胞病毒、脑外科病房铜绿假单胞菌及血液病房白色念珠菌的医院感染，同时进行了 RSV 分离、PA 菌和 CA 菌培养。用 RAPD 法从 76 份疑似 RSV 医院感染患儿的鼻咽分泌物中分理处 49 株 RSV，共有 4 个基因型，R1 型占 44 株，在同一治疗区同一时期的 R1 38 株。RAPD 法与分离法比较，阳性符合率 100%，阳性检出率高，该结果表明 RAPD 技术是检测医院感染灵敏而特异的方法。

参 考 文 献

白玉，2007. DNA 分子标记技术及其应用 [J]. 安徽农业科学，15 (11): 206-211.
鲍长途，王光，孙利伟，等，2019. 随机扩增多态性 DNA 指纹技术的研究及在检测医院感染中的应用 [J]. 中华医院感染学杂志 , 10 (2): 97-99.

陈丙波 , 张聪 , 2008. DNA 分子标记在实验动物遗传分析中的应用 [J]. 中国比较医学杂志 , 18 (10): 70-74.

杜道林 , 苏杰 , 周鹏 , 等 , 2002. RAPD 技术及其在植物种质资源和遗传育种研究中的应用 [J]. 海南师范学院学报 (自然科学版), 17 (3): 220-224.

付秀萍 , 俞东征 , 海荣 , 2004. 串联重复序列及其在鼠疫菌基因分型中的应用 [J]. 中华流行病学杂志 , 25 (3): 269-272.

高赛飞 , 彭建军 , 王莹 , 等 , 2009. 分子标记技术构建 DNA 指纹图谱在个体识别中的应用 [J]. 野生动物杂志 , 30 (5): 269-273.

古风生 , 王兵 , 2010. DNA 指纹分析在法医学中的应用探析 [J]. 生物技术 , 10 (3): 115-121.

黄龙花 , 杨小兵 , 胡惠萍 , 2010. 基于特定引物 PCR 的 DNA 分子标记技术研究进展 [J]. 生物技术通报 , 33 (2): 101-108.

贾继增 , 1996. 分子标记种质资源鉴定和分子标记育种 [J]. 中国农业科学 , 29 (4): 1-10.

马志杰 , 2006. 牦牛 DNA 分子遗传标记的研究 [J]. 中国牛业科学 , 33 (1): 43-48.

李长有 , 2004. DNA 指纹技术的研究进展及应用 [J]. 吉林师范大学学报 (自然科学版) (2): 56-58.

李林 , 李煦 , 2010. 遗传标记及其在生物技术中的应用 [J]. 现代农业科技 (10): 39-40.

刘明 , 王继华 , 王同昌 , 2003. DNA 分子标记技术 [J]. 东北林业大学学报 (6): 50-51.

刘云芳 , 刨根强 , 王新峰 , 2002. RFLP 技术在动物遗传育种中的应用 [J]. 畜牧与饲料科学 , 23 (2): 17-19.

彭锁堂 , 庄杰云 , 颜启传 , 等 , 2003. 我国主要杂交水稻组合及其亲本 SSR 标记和纯度鉴定 [J]. 中国水稻科学 , 17 (1): 1-5.

苏光华，张元跃，2005. SNP 分子标记及其应用 [J]. 畜牧兽医科技信息 (12): 11-13.

肖复明，张爱生，刘东明，2003. 生化标记及其在植物研究中的应用 [J]. 江西林业科技 (5): 27-29.

邢少辰，蔡玉红，尹会兰，2000. 遗传标记的发展及应用 [J]. 邯郸农业高等专科学校学报 (2): 106-109.

王斌，翁曼丽，1996. AFLP 的原理及其应用 [J]. 杂交水稻 (5): 27-30.

王忠华，2006. DNA 指纹图谱技术及其在作物品种资源中的应用 [J]. 分子植物育种，4 (3): 425-430.

王仲元，匡铁吉，陈红兵，等，2006. 肺结核爆发流行的指纹鉴定及临床意义 [J]. 广东医学 (8): 146-150.

姚红伟，张立冬，孙金阳，等，2010. DNA 分子标记技术概述 [J]. 河北渔业 (7): 42-46.

邹浪萍，杨绵本，杨弘，等，2017. 在白血病患者中应用 DNA 指纹图的研究 [J]. 广东医学 (10): 204-207.

周琳，谭守勇，唐林国，等，2017. DNA 指纹技术检测耐多药结核分枝杆菌的应用研究 [J]. 中国防痨杂志，29 (6): 502-507.

Agarwal M, Shrivastava N, Padh H, 2008. Advances in molecular marker techniques and their applications in plant sciences [J]. Plant Cell Rep, 27 (4): 617-631.

Al-Khalifah N S, Shanavaskhan A E, 2017. Molecular identification of date palm cultivars using random amplified polymorphic DNA (RAPD) markers [J]. Methods Mol Biol (1638): 185-196.

Dikshit H K, Singh A, Singh D, et al., 2016. Tagging and mapping of SSR marker for rust resistance gene in lentil (*Lens culinaris* Medikus subsp. *culinaris*) [J]. Indian J Exp Biol, 54 (6): 394-399.

Dippenaar A, De Vos M, Marx F M, et al., 2019. Whole genome sequencing provides additional insights into recurrent tuberculosis classified as endogenous reactivation by IS6110 DNA fingerprinting [J]. Infect Genet Evol (75): 103948.

Feng S G, Zhu Y J, Jiao K L, et al., 2018. Application of DNA molecular marker technologies in study of medicinal Physalis species [J]. China Journal of Chinese Materia Meclica, 43 (4): 672-675.

Li Q, Ou X C, Pang Y, et al., 2017, A novel automatic molecular test for detection of multidrug resistance tuberculosis in sputum specimen: A case control study [J]. Tuberculosis (Edinb) (105): 9-12.

Liu K, Zhang B, Teng Z, et al., 2017. Association between SLC11A1 (NRAMP1) polymorphisms and susceptibility to tuberculosis in Chinese Holstein cattle [J]. Tuberculosis (Edinb) (103): 10-15.

Marubodee R, Ogiso-Tanaka E, Isemura T, et al., 2015. Construction of an SSR and RAD-marker based molecular linkage map of *Vigna vexillata* (L.) A. Rich [J]. PLos One, 10 (9): e0138942.

Nanini F, Maggio D H, Ferronato P, et al., 2019. Molecular marker to identify diaphorina citri (Hemiptera: Liviidae) DNA in gut content of predators [J]. Neotrop Entomol, 48 (6): 927-933.

Peng Z, Gallo M, Tillman B L, et al., 2016. Molecular marker development from transcript sequences and germplasm evaluation for cultivated peanut (*Arachis hypogaea* L.) [J]. Mol Genet Genomics, 291 (1): 363-381.

Wang Y, Ning Z, Hu Y, et al., 2015. Molecular mapping of restriction-site associated DNA markers in allotetraploid upland cotton [J]. PLos One, 10 (4): e0124781.

Wangner K H, Cameron-Smith D, Wessner B, et al., 2016. Biomarkers of aging: From function to molecular biology [J]. Nutrients, 8 (6): 338.

Zhang Z, Xie W, Zhao Y, et al., 2019. EST-SSR marker development based on RNA-sequencing of *E. sibiricus* and its application for phylogenetic relationships analysis of seventeen Elymus species [J]. BMC Plant Biol, 19 (1): 235.

第三章　DNA 分子标记的技术类型

第一节　DNA 分子标记技术分类

分子标记技术被广泛应用于遗传多样性分析、种质资源鉴定、遗传图谱构建、基因定位、比较基因组学和系统进化研究等各个方面，是现代生物技术不可缺少的技术手段。在过去的 40 年当中，多种分子标记技术及其相对应的配套技术被开发出来，虽然传统上的 RFLP、RAPD、SSR、ISSR、AFLP 是应用最为广泛的几种分子标记技术，但是它们都有各自的缺点。RFLP 重复性好但检测过程复杂、成本高；RAPD 操作方便但重复性差，SSR 重复性好但需要对 SSR 位点进行测序而后设计引物，开发成本较高；ISSR 虽然重复性得到提高，但主要在非编码重复序列区域进行扩增，所得到的标记与性状遗传距离远；AFLP 操作复杂，对实验者和实验设备要求高，而且可靠性有待提高，因而限制了它们的应用。在这种情况下，许多改进的或新的分子标记技术大量涌现，为科研工作者提供了更多的选择可能（陆才瑞等，2008；熊发前等，2009）。而研究学者根据检测手段、DNA 指纹技术等将分子标记分为不同类型。

一、根据检测手段及相关技术分类

依据对 DNA 多态性的检测手段，常见的 DNA 标记可分为 4 大类：第 1 类为基于 DNA 和 DNA 杂交的 DNA 标记。单链构象多态性 RFLP（SSCP，RFLP）、可变数目串联重复序列标记（VNTR）等。第 2 类为基于 PCR 的 DNA 标记。主要有随机扩增多态性

DNA（RAPD），简单重复序列 DNA 标记（SSR），测定序列标签位点（STS），表达序列标签（EST），测序的扩增区段（SCAR）。第 3 类为基于 PCR 与限制性酶切技术相结合的 DNA 标记。主要有两种，第一种是扩增片段长度多态性（AFLP），第二种是酶解扩增多态顺序（CAPS）。第 4 类为基于 mRNA 或者单核苷酸多态性的 DNA 标记。主要是单核苷酸多态性（SNP）和 EST（图 3-1）。

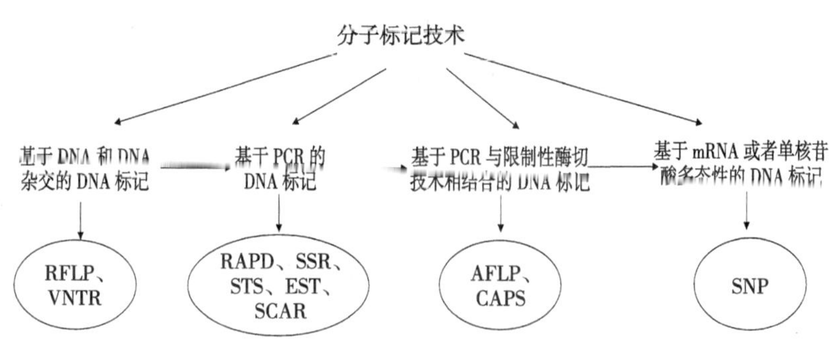

图 3-1　根据检测手段及相关技术分类

Henry（2013）以年代为时间点，将分子标记分为过去、现在和将来。1980 年前后以杂交手段为主的 RFLP，1985—1995 年，以基于 PCR 的 DNA 标记，基于微整列的分子标记在 1995—2005 年，而之后基于 NGS 的标记问世，例如 CRoPS、RADseq、RRLs 以及 GBS 等（图 3-2，见彩色图版）。

二、新型分类方法

随着越来越多的在原有分子标记技术上加以改进的或全新的分子标记技术被开发出来，传统的分子标记技术的分类就显得太笼统，无法展现出这些分子标记技术的关键特性。Andersen 和 Lübberstedt（2003）根据分子标记的基因组来源将分子标记技术分为随机 DNA 分子标记（RDM）、目的基因分子标记（GTM）和功能性分子标记（FM），这种分类方法明确了功能性分子标记的概念，指出了目的基因分子标记和功能性分子标记的异同点，使得科研工作者对分子标记类型有了较为清晰的认识。随着功能基因组学、比较基因组学、生物信息学和高通量测序等相关技术的快速发展。熊发前等（2010）将这类分子标记技术统称为目标分子标记系统（趋向于功能区域扩增的分子标记），从而在 Andersen 和 Lübberstedt（2003）把分子标记技术分为 3 大类的基础上增加 1 大类，进而将所有分子标记技术分为 4 大类型（图 3-3）。

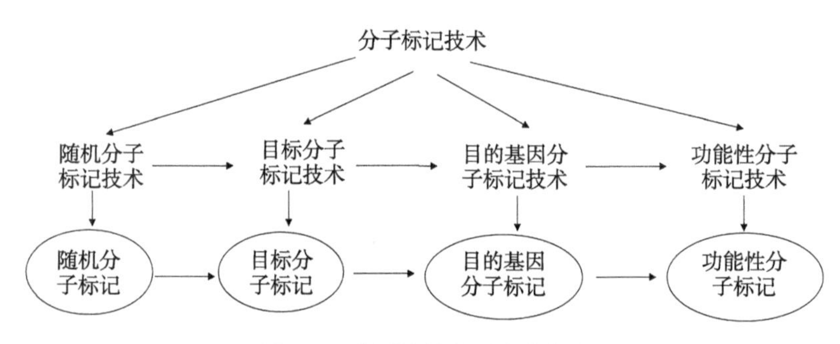

图 3-3　分子比较新型分类方法

目标分子标记技术是 1 大类新产生的新型分子标记技术，在随机分子标记技术基础上增加了对 DNA/cDNA 等相关序列信息的需求，但并不需要目的基因标记和功能型标记的基因及其等位基因序列信息，偏向于基因编码功能区或调控区扩增，偏向于产生候选功能标记，所得标记很可能与性状紧密连锁。目标分子标记技术的建立，或是利用保守序列、保守基序或保守调控核心序列，或是利用真核生物中基因序列的特点，或是利用表达序列标签（EST）（Van et al.，2002）。由于该类分子标记技术在不同物种间可以通用，因而越来越受到研究者的重视，近年来，目标分子标记技术被广泛开发并应用。表 3-1 列出了新开发出的目标分子标记技术的名称、原始参考文献出处及其应用。

表 3-1　目标分子标记技术的代表种类

类型	原始文献来源	应用范围
SCoT	Collard and Mackill（2009a）	原始分子标记方法的提出（通过遗传亲缘关系分析及标记在群体后代遗传验证）
CDDP	Collard and Mackill（2009b）	原始分子标记方法的提出（通过遗传亲缘关系分析验证）
PAAP-RAPD	Pang et al.（2009）	原始分子标记方法的提出（通过遗传多样性和测序分析）和启动子序列克隆
CoRAP	Wang et al.（2009）	原始分子标记方法的提出
SRAP	Li and Quiros（2001）	种质资源多样性分析、遗传图谱构建、重要性状基因标记、转录图谱绘制、基因克隆
TRAP	Hu et al.（2003）	种质资源多样性分析、遗传图谱构建及重要性状基因标记
NBS profiling	Van der Linden et al.（2004）	RGA 克隆、种质资源多样性分析、遗传图谱构建、重要性状基因标记、转录图谱绘制、基因差异表达
RGA profile	Hayes and Saghai Maroof（2000）	RGA profile 建立及 RGA 克隆
RGAP	Chen et al.（1998）	种质资源多样性分析、遗传图谱构建、重要性状基因标记
ISAP 和 IT-ISJ	陆才瑞等（2008），郑靓等（2008）	ISAP 和 IT-ISJ 的建立及遗传图谱构建
IAAP	Rafalski et al.（1998）	种质资源多样性分析
ACGM	Brunel et al.（1999）	标记开发、基因组进化研究、重要性状基因定位、基因克隆
COS	Fulton et al.（2002）	COS 标记开发、比较基因组学研究、系统进化研究
ILP 和 PIP	Wang et al.（2005），Yang et al.（2007）	标记的开发

第二节 常见的 DNA 分子标记技术

DNA 分子标记与形态标记和生化标记等相比，具有许多独特的优点：第一，不受组织类别以及发育阶段等影响，植株的任何组织在任何发育时期均可用于分析；第二，不受环境影响。因为环境只影响基因表达（转录和翻译），而不改变基因结构即 DNA 的核苷酸序列；第三，标记数量多，遍及整个基因组；第四，多态性高，自然存在许多等位变异；第五，有许多标记表现为共显性，能够鉴别纯合基因型和杂合基因型，提供完整的遗传信息；第六，DNA 分子标记技术简单、快速、易于自动化；第七，提取的 DNA 样品，在适宜的条件下可以长期保存，这对于进行追溯性或仲裁性鉴定非常有利。

一、限制性片段长度多态性

限制性片段长度多态性（Restriction fragment length polymorophism，RFLP）标记是第一代分子标记技术。所谓 RFLP，是指用限制性内切酶酶切不同个体基因组 DNA 后，含同源序列的酶切片在长度上的差异，其差异的检测是利用标记的同源序列 DNA 片段作探针（即 RFLP 标记）进行分子杂交，再通过放射自显影（或非同位素技术）实现的（贺淹才，2008）。限制性片段长度多态性技术的原理是检测 DNA 在限制性内切酶酶切后形成的特定 DNA 片段的大小。因此，凡是可以引起酶切位点变异的突变如点突变（新产生和去除酶切位点）和一段 DNA 的重新组织（如插入和缺失造成酶切位点间的长度发生变化）等均可导致 RFLP 的产生。同时，它的检测结果与内切酶的选用密切相关，只能选用一定的内切酶，某个位点才可能表现出多态性，而且它不能检测酶切后相同长度DNA片段内的碱基变异。

与传统的遗传标记相比，RFLP标记具有下列优点：① RFLP标记无表型效应，其检测不受外界条件、性别及发育阶段的影响。② RFLP标记等位基因间是共显性的，非等位基因间不存在上位效应，互不干扰。③ RFLP起源于基因组DNA的自然变异，这些变异在数量上几乎不受限制，可以选取足够数量能代表整个基因组的RFLP标记。RFLP标记也有其自身的不足，RFLP分析需要大量高纯度的DNA，而且通常都用同位素来鉴定，对技术、劳力及费用要求都比较高。

限制性片段长度多态性技术于1980年由人类遗传学家Bostein提出。RFLP是根据不同品种（个体）基因组的限制性内切酶的酶切位点碱基发生突变，或酶切位点之间发生了碱基的插入、缺失，导致酶切片段的大小发生了变化，这种变化可以通过特定探针杂交进行检测，从而可比较不同品种（个体）的DNA水平的差异（即多态性），多个探针的比较可以确立生物的进化和分类关系。所用的探针为来源于同种或不同种基因组DNA的克隆，位于染色体的不同位点，从而可以作为一种分子标记，构建分子图谱。Donis-Keller等（1987）利用此技术构建成第一张人的遗传图谱。现在RFLP已被广泛用于基因组遗传图谱构建、基因定位以及生物进化和分类的研究。吴晓雷等（2001）就利用RFLP等标记构建了包含24个连锁群、由792个遗传标记组成的大豆较高密度连锁图谱。刘仁虎和孟金陵（2006）采用RFLP和AFLP分析了白菜型油菜和甘蓝型油菜遗传多样性及其在油菜改良中的应用价值。他们采用聚类分析表明中国白菜型油菜的遗传多样性比甘蓝型油菜和欧美白菜型油菜丰富，欧美甘蓝型油菜与欧美白菜型油菜聚为一类，而与中国甘蓝型油菜差异更大。Franz等（2012）采用限制性片段长度（RFLP）分析方法，可以实现软质小麦的快速检测。

RFLP也在分析物种基因组上应用较多。黄威等（2006）利用RFLP技术，比较研究了在农业生产上广泛应用的9种细胞质雄性不育体系的线粒体基因组。Hu（2014）采用RFLP和trn D-trn T叶绿体DNA序列数据分析了桑树基因组关系。Zhang（2015）应用RFLP对棉花的物种多倍体物种进化起源做了分析，重建了棉属的系统发育关系。Liu等（2016）采用RFLP揭示由油菜（ab.rapa，AA）型和（B.alboglabra，CC）型杂交产生的甘蓝型油菜（AACC）的遗传和表观遗传变异。这说明RFLP可以作为一种简单、快速、经济的方法用于相近物种尤其是同物种之间进化关系的分析。

二、单链构象多态性

相同长度的DNA片段即使一个碱基不同，经非变性聚丙烯酰胺凝胶电泳时，单链迁移率也会不同。这种由于碱基序列的差异表现出的多态现象称作DNA单链构象多态性。日本学者Orita等（1989）将此法用于检测复杂基因组单拷贝DNA中的多态现象，他们认为单链构象多态性（Single strand conformation polymorphism，SSCP）可以检测任何位点的点突变。同年，Orita等用SSCP对PCR扩增产物进行了分析，PCR与SSCP的结合使得分析的灵敏度大大增加（1989）。但由于将同位素掺入PCR扩增产物中，通过放射自显影显示结果，使该技术的推广造成了一定困难。日本学者Hoshino等（1992）对SSCP分析法作了大胆改进，用敏感的银染法直接对电泳后的凝胶进行染色，增强了安全性，并且简便、快捷。近年来，研究者又对SSCP技术进行了各种改进，产生了限制性片段KSCP（PCR-RF-SSCP）技术、荧光标记SSCP（F-SSCP）、低离子强度SSCP（PCR-LIS-SSCP）、毛细管电泳SSCP等新技术。目前该技术已成为生物学领域研究的一种常用方法，在植物研究中也得到了较多应用。

1. SSCP 技术的基本原理

PCR 产物经热或化学变性后形成单链，在不含变性剂的中性聚丙烯酰胺凝胶中电泳时，DNA 单链的迁移率除与 DNA 链的长短有关外，更主要的是取决于 DNA 单链所形成的构象。DNA 单链可自身折叠形成具有一定空间结构的构象，这种构象由 DNA 单链碱基决定，其稳定性靠分子内局部顺序的相互作用（主要为氢键）来维持。相同长度的 DNA 单链其顺序不同，甚至单个碱基不同，所形成的构象不同，电泳迁移率也不同。

2. 影响 SSCP 检出率的因素

SSCP 分析结果的检出率主要受片段长度、甘油、温度等条件的影响。首先，用于 SSCP 分析的核酸片段越小，检测的敏感性越高，用小于 200 bp 的片段进行 SSCP 时，可发现其中 70% 的变异；对于 300 bp 左右的片段则只能发现其中 50% 的变异；而大于 500 bp 的片段，仅能检出 10% ～ 30% 的变异。其次，凝胶中加入低浓度的变性剂，如 5% ～ 10% 甘油，5% 尿素或甲酰胺，10% 二甲亚砜或蔗糖等有助于提高敏感性。这可能是因为这些物质轻微改变了单链 DNA 的构象，增加分子表面积，降低了单链 DNA 的泳动率所致。但有些变异序列却只能在没有甘油的凝胶中被检出。再次，一般认为保持凝胶内温度恒定是 SSCP 分析最关键的因素。温度有可能直接影响 DNA 分子内部稳定力的形成及其所决定的单链构象，从而影响突变的检出。为确保电泳温度相对恒定，应减少凝胶厚度，降低电压，增加有效的卒气冷却或循环水冷却等。此外，SSCP 技术还易受凝胶浓度的影响。余桂红等（2007）研究发现，凝胶中丙烯酰胺与甲叉双丙烯酰胺的比例为 29∶1、凝胶浓度为 12% 时，有利于小麦中 SSCP 的检出。然而，对同序列只有单一的条件，检出率一般为 77% ～ 87%。要得到 100% 的检出率，可能需采用多种条件，例如可以采用 2 种以上凝胶浓度以提高 SSCP 的检出率。此外他们发现试验发现高电压、高功率的条件有利于小麦的 SSCP 分析。

3. SSCP 技术的优缺点

检测多态性的主要方法有琼脂糖凝胶检测、变性聚丙烯酰胺电泳检测以及检测基因单核苷酸多态性等多种方法。用于检测 SNP 的方法较多，包括直接测序、以构象为基础的方法、变性高压液相色谱法、错配的化学切割及酶学法等。以构象为基础的方法又包括 SSCP、异源双链分析及变性梯度凝胶电泳。尽管测序和质谱分析在 SNP 检测方面被广泛应用，但是这些技术都需要特殊的设备，费用高昂。与上述方法相比，SSCP 检测技术具有费用低、不需特殊仪器等优点。琼脂糖凝胶检测和变性聚丙烯酰胺电泳检测效率不高，对基因间的多态性检测能力非常有限。与这 2 种方法相比，SSCP 检测又具有更高的灵敏度。因此，SSCP 检测技术具有高灵敏度、低费用，且不需要特殊仪器等优点，是一种比较合适的检测多态性的方法。

SSCP 技术具有局限性。首先，通过 SSCP 虽能检测出扩增 DNA 片段中是否有突变，但不能直接得到发生突变的具体核苷酸。其次，SSCP 技术可能检测不到所有的突变位点。再次，影响双 P 试验结果的因素比较多，电泳条件不好控制。

4. SSCP 技术在植物学中的应用

（1）多样性研究。Kishitani 等（2004）利用用 PCR-RF-SSCP 鉴定粳稻品种随机选择基因的单核苷酸多态性。谢晓兵等（2011）应用在 8 个棉花品种中运用 SSCP 技术对棉花油分合成基因进行多态性检测。卢孟柱等（2000）研究结果表明，采用分析松树一粒种子的胚乳与胚的 SSCP 谱带的方法可同时确定亲本及其配子的基因型，可用于分析群体的遗传结构。Chatzivassiliou 等（2019）利用

SSCP 检测手段在洋葱 31 个被检测的序列中，有 26 个序列在不同材料中表现出多态性。Shirasawa 等（2004）利用 PCR-RF-SSCP 技术，对水稻品种中随机挑选的基因进行 rDNA 多态性分析。结果发现，有 108 个 DNA 片段在 17 个水稻品种中检测到多态性，并且在任 2 个品种中平均有 36.9 个 DNA 片段中能检测到多态性。张明阳等（2011）研究表明，SSCP 技术分析线粒体 DNA 有较高的鉴别能力，适用于陈旧降解检材的检验。

（2）定位和图谱构建。早在 1999 年研究者就将某些与糖分品质及产量有关的基因利用 SSCP 技术定位到甜菜图谱中。2002 年，Etiene 等利用 SSCP 技术对 12 个与桃子品质性状有关的 cDNA 定位到桃子图谱中，并对这些基因与桃子品质性状有关的 QTL 之间的关系进行了评价。Aubert 等（2006）利用 SSCP 技术对大豆的 15 个功能基因进行分析，开发 SSCP 标记，并将其定位到大豆图谱中。Liu 等（2012）将于细胞形态发生有关的基因开发成 SSCP 标记，并将其定位到棉花连锁群上。杨芬等（2016）应用 PCR-SSCP 技术与比较基因组学结合定位棉花 Li1 基因。

除了利用 SSCP 技术对功能基因进行定位外 SSCP 技术也应用到其他类型标记的多态性检测中。Piggott 等（2006）将 SSCP 检测手段应用于 SSR 标记的鉴定研究。结果表明，利用该策略的鉴定效率比常规技术大大提高。Sato 等（2003）将 RFLP 标记重新设计引物进行 SSCP 检测，有 80% 的引物在籼稻和粳稻中显示出多态性。张维等（2012）用 236 对 SSR 标记、1 对 SCAR 标记、1 对 SSCP 标记、8 对 EST-SSR 标记及 2 对 COSII 标记对一对控制南方根结线虫的抗性显性基因（*Me*8）进行基因定位。该基因被定位在辣椒第 9 号染色体上。

三、变性梯度凝胶电泳

变性梯度凝胶电泳（Denaturing gradient gel electrophoresis，DGGE）最初是 Fisher 和 Lerman 等于 20 世纪 80 年代初期发明的，起初主要用来检测 DNA 片段中的点突变。Muyzer 等在 1993 年首次将其应用于微生物群落结构研究，并证实了这项技术在揭示自然界微生物区系的遗传多样性和种群差异方面具有独特的优越性。后来又发展出其衍生技术，温度梯度凝胶电泳（temperature gradient gel electrophoresis，TGGE）、瞬时温度梯度凝胶电泳（Temporal Temperature Gradient Gel，TTGE）。DGGE 技术对微生物多样性的分析不依赖于微生物的培养过程，而是直接提取环境样品中总的 DNA，包括样品中可培养微生物和不可培养微生物的总遗传信息，从而真实地反映了微生物群落的原始组成。

1. DGGE 的技术原理

DGGE 技术检测核酸序列是通过不同序列的 DNA 片段在各自相应的变性剂浓度下变性，发生空间构型的变化，导致电泳速度的急剧下降，最后在其相应的变性剂梯度位置停滞，经过染色后可以在凝胶上呈现为分散的条带。该技术可以分辨具有相同或相近分子量的目的片段序列差异，可以用于检测单一碱基的变化和遗传多样性以及 PCR 扩增 DNA 片段的多态性。

2. DGGE 的步骤

该技术主要包括以下步骤：样品的采集；样品总 DNA 提取及纯化；样品 16SrDNA 片段的 PCR 扩增；预实验（主要是对扩增出的 16SrDNA 片段的解链性质及所需的化学变性剂浓度范围或温度梯度范围进行分析）；制胶；样品的 DGGE/TGGE 分析。

3. DGGE 的应用

在 DGGE 技术问世十年中，该技术被广泛用于微生物分子生态学研究的各个领域，目前已发展成为研究微生物群落结构的主要分子生物学方法之一。DGGE 分析微生物群落的一般步骤如下：一是核酸的提取；二是 16S rRNA，18S rRNA 或功能基因如可溶性甲烷加单氧酶羟化酶基因（mmoX）和氨加单氧酶 α- 亚单位基因（mmoX）片段的扩增；三是通过 DGGE 分析 PCR 产物。DGGE 使用具有化学变性剂梯度的聚丙烯酰胺凝胶，该凝胶能够有区别的解链 PCR 扩增产物。由 PCR 产生的不同的 DNA 片段长度相同但核苷酸序列不同。因此不同的双链 DNA 片段由于沿着化学梯度的不同解链行为将在凝胶的不同位置上停止迁移。DNA 解链行为的不同导致一个凝胶带图案，该图案是微生物群落中主要种类的一个轮廓。DGGE 使用所有生物中保守的基因片段如细菌中的基因片段和真菌中的 16S rRNA 基因片段和真菌中的 18S rRNA 基因片段。然而同其他分子生物学方法一样 DGGE 也有缺陷，其中之一是只能分离较小的片段，使用于系统发育分析比较和探针设计的序列信息量受到了限制。在某些情况下，由于所用基因的多拷贝导致一个种类多于一条带，因此不易鉴定群落结构到种的水平。此外，该技术具有内在的如单一细菌种类 16S rDNA 拷贝之间的异质性问题，可导致自然群落中微生物数量的过多估计。

DGGE 已广泛用于分析自然环境中细菌、蓝细菌，古菌、微微型真核生物、真核生物和病毒群落的生物多样性。这一技术能够提供群落中优势种类信息和同时分析多个样品。具有可重复和容易操作等特点，适合于调查种群的时空变化，并且可通过对切下的带进行序列分析或与特异性探针杂交分析鉴定群落成员。Li 等（2014）采用（DGGE）技术检测土壤中粘细菌的存在及其基因型多样性。DGGE 已被广泛应用于研究不同环境样品的微生物群落组成。首先将其扩展到研究微生物遗传多样性（Muyzer et al.，1993；1998）。基于巢式 PCR 的诊断分析也被成功开发，以确定复杂微生物群落中硫酸盐还原菌的多样性（Dar et al., 2005）。

变性梯度凝胶电泳（DGGE）是一种分离相似大小 DNA 片段的电泳方法。即双链 DNA 在变性剂（如尿素和甲酰胺）浓度或温度梯度增高的凝胶中电泳，随变性剂浓度升高，由于 Tm 值不同，DNA 的某些区域解链，降低其电泳泳动性，导致迁移率下降，从而达到分离不同片段的目的。由于各类微生物（如细菌或古细菌）的 16sRNA 基因序列中可变区的碱基顺序有很大的差异，其中不同土壤微生物的 16sRNA 基因的 V3 区扩增的 DNA 片段在 DGGE 中应用最广。根据电泳条带的多寡和条带的位置可以初步辨别出样品中微生物的种类多少，粗略分析土壤样品中微生物的多样性。

DGGE 应用于分析植物群落多样性，如 Silva 等（2003）年用设计的伯克氏菌属（Burkholderik）特异性引物进行的 PCR-DGGE 检测和分析两块草地样地中 Burkholderik 属群落的多样性揭示主体和根际土壤样品中生物多样性的不同。肖冬来（2013）利用变性梯度凝胶电泳分析正红菇菌根围土壤真菌群落多样性。同源性比对结果表明，在回收测序的 19 条 DGGE 条带中，4 条为非真菌真核生物序列，系统发育分析显示全部序列可以分为 4 类菌群，Group I 主要为担子菌门（Basidiomycota）真菌，Group Ⅱ 主要为子囊菌门（Ascomycota）真菌，GroupHI 为未知真菌，GrouplV 主要为节肢动物门生物（Arthropoda）。吴凤芝（2014）研究了以不同化感效应（促进 / 抑制）小麦品种为供体，黄瓜作为受体，采用 PCR-DGGE 技术研究了小麦根系分泌物及伴生小麦对黄瓜生长及土壤真菌群落结构的影响。DGGE 图谱及其主成分分析结果表明，伴生不同化感效应小麦对土壤真菌群落结构影响较大。

DGGE 应用于研究群落动态。例如，克隆文库和 DGGE 的 16S rDNA 片段的序列分析用于研究 3 个不同季节北冰洋样品的浮游细菌群落的系统发育组成。胡元森等（2007）利用 PCR-DGGE 技术分析黄瓜根际土壤未培养优势菌群的变化来研究黄瓜根际主要微生物类群在不同生育期的变化。结果表明，根际微生物的数量一般是由栽种时开始升高，到花期或盛果期时达到最高峰，生长后期有下降趋势，根际微生物数量比同时期的对照要高。黄瓜生长对某些种群数量分布有一定影响，特别是在黄瓜生长前期，根际细菌数量变化显著，在花期表现尤其明显。揭示黄瓜花期生长对根际微生物的影响可能较大，也说明这些类群微生物可能是对黄瓜花期生长起特殊作用的未培养微生物。文景芝等（2007）采用 DGGE 研究不同施肥条件下设施黄瓜根际微生物群落结构多样性。结果发现单施有机肥最有利于根际真菌和放线菌的生长繁殖。对于根际亚硝酸细菌、硝化细菌的生长繁殖也具有一定的促进作用，根际细菌多样性指数和均匀度指数均较高。

四、原位杂交

原位杂交技术（In situ hybridization，ISH）是分子生物学、组织化学及细胞学相结合而产生的一门新兴技术，始于 20 世纪 60 年代。1969 年，美国耶鲁大学的 Gall 等首先用爪蟾核糖体基因探针与其卵母细胞杂交，将该基因进行定位，与此同时，Buongiorno-Nardelli 和 Amaldi 等（1970）相继利用同位素标记核酸探针进行了细胞或组织的基因定位，从而创造了原位杂交技术。自此以后，由于分子生物学技术的迅猛发展，特别是 20 世纪 70 年代末至 80 年代初，分子克隆、质粒和噬菌体 DNA 的构建成功，为原位杂交技术的发展奠定了深厚的技术基础。

原位杂交的基本原理是利用核酸分子单链之间有互补的碱基序列，将有放射性或非放射性的外源核酸（即探针）与组织、细胞或染色体上待测 DNA 或 RNA 互补配对，结合成专一的核酸杂交分子，经一定的检测手段将待测核酸在组织、细胞或染色体上的位置

显示出来。为显示特定的核酸序列必须具备 3 个重要条件：组织、细胞或染色体的固定、具有能与特定片段互补的核苷酸序列（即探针）、有与探针结合的标记物。

RNA 原位核酸杂交又称 RNA 原位杂交组织化学或 RNA 原位杂交。该技术是指运用 cRNA 或寡核苷酸等探针检测细胞和组织内 RNA 表达的一种原位杂交技术。其基本原理是：在细胞或组织结构保持不变的条件下，用标记的已知的 RNA 核苷酸片段，按核酸杂交中碱基配对原则，与待测细胞或组织中相应的基因片段相结合（杂交），所形成的杂交体（Hybrids）经显色反应后在光学显微镜或电子显微镜下观察其细胞内相应的 mRNA、rRNA 和 tRNA 分子。RNA 原位杂交技术经不断改进，其应用的领域已远超出 DNA 原位杂交技术。尤其在基因分析和诊断方面能做定性、定位和定量分析，已成为最有效的分子病理学技术，同时在分析低丰度和罕见的 mRNA 表达方面已展示了分子生物学的一重要方向。

原位杂交技术主要分为以下 4 类。

（1）基因组原位杂交技术。基因组原位杂交（Genome in situ hybridization，GISH）技术是 20 世纪 80 年代末发展起来的一种原位杂交技术。它主要是利用物种之间 DNA 同源性的差异，用另一物种的基因组 DNA 以适当的浓度作封阻，在靶染色体上进行原位杂交。GISH 技术最初应用于动物方面的研究，在植物上最早应用于小麦杂种和栽培种的鉴定。

（2）荧光原位杂交技术。荧光原位杂交（Fluorescence in situ hybridization，FISH）技术是在已有的放射性原位杂交技术的基础上发展起来的一种非放射性 DNA 分子原位杂交技术。它利用荧光标记的核酸片段为探针，与染色体、细胞或组织切片上进行 DNA 杂交，通过荧光检测系统（荧光显微镜）检测信号 DNA 序列在染色体或 DNA 显微切片上的目的 DNA 序列，进而确定其杂交位点。

FISH 技术检测时间短，检测灵敏度高，无污染，已广泛应用于染色体的鉴定、基因定位和异常染色体检测等领域。FISH 是原位杂交技术大家族中的一员，因其所用探针被荧光物质标记（间接或直接）而得名，该方法在 20 世纪 80 年代末被发明，现已从实验室逐步进入临床诊断领域。基本原理是荧光标记的核酸探针在变性后与已变性的靶核酸在退火温度下复性；通过荧光显微镜观察荧光信号可在不改变被分析对象（即维持其原位）的前提下对靶核酸进行分析。DNA 荧光标记探针是其中最常用的一类核酸探针。利用此探针可对组织、细胞或染色体中的 DNA 进行染色体及基因水平的分析。荧光标记探针不对环境构成污染，灵敏度能得到保障，可进行多色观察分析，因而可同时使用多个探针，缩短因单个探针分开使用导致的周期过程和技术障碍。

（3）多彩色荧光原位杂交技术。多彩色荧光原位杂交（Multi-color fluorescence in situ hybridization，MFISH）是在荧光原位杂交技术的基础上发展起来的一种新技术，它用几种不同颜色的荧光素单独或混合标记的探针进行原位杂交，能同时检测多个靶位，各靶位在荧光显微镜下和照片上的颜色不同，呈现多种色彩，因而被称为多彩色荧光原位杂交。它克服了 FISH 技术的局限，能同时检测多个基因，在检测遗传物质的突变和染色体上基因定位等方面得到了广泛的应用（杨明杰等 1998）。

（4）原位 PCR。原位 PCR 技术是常规的原位杂交技术与 PCR 技术的有机结合，即通过 PCR 技术对靶核酸序列在染色体上或组织细胞内进行原位扩增使其拷贝数增加，然后通过原位杂交技术进行检测，从而对靶核酸序列进行定性、定位和定量分析。原位 PCR 技术大大提高了原位杂交技术的灵敏度和专一性，可用于低拷贝甚至单拷贝的基因定位，为原位杂交技术的发展提供了更广阔的发展前景。

原位杂交技术因其高度的灵敏性和准确性而日益受到许多科研工作者的欢迎，并广泛应用到基因定位、性别鉴定和基因图谱的构建等研究领域。目前原位杂交技术在植物中的应用比较广泛，例如在棉花、麦类和树木等的遗传育种方面取得了显著的成就，在畜牧上原位杂交技术主要用于基因定位和基因图谱的构建以及转基因的检测和性别鉴定等方面。在水产方面，原位杂交技术则主要应用于基因定位（多见于对鱼类和贝类等水生物的研究）和病毒的检测（多见于虾类）。此外，原位杂交技术作为染色体高分辨显带技术的补充和发展，在水生物的细胞遗传学的研究领域将发挥更重要的作用。同其他的生物技术一样，原位杂交技术在其发展与应用的过程中会出现一些问题，但随着原位杂交技术的不断改进与完善以及检测手段的改进，原位杂交技术的优越性越来越突出，其应用也会更加广泛。

五、序列标记位点

序列标签位点（Sequence-tagged site，STS）是已知核苷酸序列的 DNA 片段，是基因组中任何单拷贝的短 DNA 序列，长度在 100 ～ 500 bp 之间。任何 DNA 序列，只要知道它在基因组中的位置，都能被用作 STS 标签。作为基因组中的单拷贝序列，是新一代的遗传标记系统，其数目多，覆盖密度较大，达到平均每 1 kb 1 个 STS 或更密集。这种序列在染色体上只出现 1 次，其位置和碱基顺序都是已知的。在 PCR 反应中可以检测出 STS 来，STS 适宜于作为人类基因组的一种地标，据此可以判定 DNA 的方向和特定序列的相对位置。目前 STS 标记可以应用在很多方面。例如遗传多样性的研究，检测基因在某物种中的分布等。

郭红（2002）利用 22 个来源于小麦（*Triticum aestivum* L.）和栽培大麦（*Hordeum vulgare* L.）的 STS-PCR 标记，研究了 32 份新

疆布顿大麦（*Hordeum bogdanii* Wilensky）的遗传多样性，结果表明 STS-PCR 标记能将 32 份材料完全区分开来。魏育明等（2005）为了探讨新疆布顿大麦（*Hordeum bogdanii* Wilensky）线粒体基因组（mtDNA）的遗传多样性，利用 8 个线粒体基因组的 STS 标记对 32 份新疆布顿大麦进行了扩增检测。结果表明，在这 8 个线粒体基因组 STS 标记中，除 rpS14-cob 不能得到理想的扩增产物外，其余 7 个标记均能得到 1 条清晰的扩增产物，且扩增产物直接电泳均无多态性。张晓科等（2006）在证实 *Vrn-A*1 春化基因的 STS 标记与 CAPS 标记结果一致的基础上，用 STS 标记检测了全国主要麦区历史上大面积推广和当前主栽的 250 份品种的春化基因 *Vrn-A*1，得到了相关的信息。杨燕等（2013）年利用 STS 标记 *Vp*1*A*3 和 *Vp*1*B*3 检测我国小麦推广品种的抗穗发芽基因型。他们利用 *Vp*1*A*3 和 *Vp*1*B*3 对小麦的穗发芽抗性基因进行综合筛选，提高了选择效率。

六、随机扩增多态性 DNA

随机扩增多态 DNA（Randomly amplified polymorphic DNA，RAPD），是美国学者 Williams 和 Welsh 于 1990 年首先提出的该技术是通过分析 DNA 的 PCR 产物的多态性来推测生物体内基因排布与外在性状表现的规律的技术。RAPD 技术是以 8 ～ 10 bp 的随机寡核苷酸片段作为引物，对基因组进行 PCR 扩增，扩增产物通过琼脂糖凝胶电泳或 PAGE 电泳检测，研究 DNA 的多态性。由于随机引物在较低的复性温下能与基因组 DM 非特异性的结合，当相邻两个引物间的 DNA 小于 2 000 bp 时，就能够得到扩增产物。

1. RAPD 的优缺点

与 RFLP 相比，RAPD 具有很多优点。① 不需要了解研究对象基因组的任何序列，只需很少纯度不高的模板，就可以检测出大量的信息。② 无须专门设计 RAW 反应引物，随机设计长度为 8～10 个碱基的核苷酸序列就可应用。③ 操作简便，不涉及分子杂交、放射自显影等技术。④ RAPD 技术所需样品是基因组 DNA，样品的采集不受时间限制，不存在组织特异性，可以直接在 DNA 水平上进行检。⑤ 不受环境、发育、数量性状遗传等的影响，能够客观地提示供试材料之间 DNA 的差异。可以检测出 RFLP 标记不能检测的重复顺序区。⑥ RAPD 技术扩增产物经琼脂糖电泳或 PAGE 检测，灵敏度要比同工酶电泳染色法高得多，因而可分辨出更多的多态片段，做出更准确的判断。当然 RAPD 技术有一定的局限性，它呈显性遗传标记（极少数共显性），不能有效区分杂合子和纯合子。易受反应条件的影响，如聚合酶的来源，DNA 不同提取方法，Mg^{2+} 离子浓度等都需要严格控制。某些情况下，重复性较差，可靠性较低，对反应的微小变化十分敏感。最后，RAPD 技术做使用的是随即引物，因此检测得到的基因组位点不清晰。

2. RAPD 的应用

RAPD 技术是研究物种遗传多样性和系统进化的重要技术，并在农业、林业、医学、动物学、植物学和微生物学的各个领域都得到广泛应用。在植物研究方面的应用，主要集中在物种遗传多样性分析、亲缘关系探讨、基因指纹图谱的构建以及物种品种鉴定等方面。

（1）RAPD 分子标记技术在植物遗传多样性分析上的应用。遗传多样性是保护生物学研究的核心之一，广义的遗传多样性是指地球上所有生物所携带的遗传信息的总和。狭义的遗传多样性是指种内的遗传多样性，即种内个体之间或一个群体内不同个体的遗传变异总和。物种的遗传多样性越高，遗传变异越丰富，对外界环境变化的适应能力就越强，说明物种生存繁衍的能力越强。

余立辉等（2019）通过对 32 份银杏种质材料进行 RAPD 分析，

随机选择 8 个单引物和 4 对双引物进行 RAPD 扩增，共得到 85 个位点，其中 81 个位点是多态性的，多态性位点比（Percentage of polymorphic bands，PPB）达到 95.3%，说明此银杏样品在 DNA 水平上有很高的遗传多样性。罗光佐等（2000）利用 RAPD 技术对鹅掌楸和北美鹅掌楸进行分析，2 个种都有较高的遗传多样性，但北美鹅掌楸的遗传多样性水平高于鹅掌楸。宋丛文等（2005）利用 RAPD 技术对 5 个天然珙桐种群的遗传多样性进行研究，扩增后共产生 101 个位点，其中多态位点 98 个，多态性位点比（PPB）为 97.0%，说明珙桐群体的遗传多样性较高。汪小全等（2020）运用 RAPD 技术对珍稀植物银杉进行了遗传多样性分析，从 21 个引物中共检测 106 个位点，其中多态位点 34 个，多态性位点比（PPB）仅为 32.1%，说明银杉的遗传变异水平偏低。茹文明等（2008）采用 RAPD 技术对山西南部南方红豆杉 8 个种群进行了遗传多样性检测，利用 21 个随机引物，共检测出 134 个位点，其中多态性位点 123 个，多态性位点比（PPB）为 91.8%，说明南方红豆杉的遗传多样性较高。

（2）RAPD 分子标记技术在植物亲缘关系分析上的应用。通过分析 RAPD 分子标记的结果，可以用物种的遗传相似系数来描述同一物种的不同品种之间的亲缘关系。遗传相似系数越大，二者的亲缘关系越近。林郑和等（2006）利用 RAPD 技术对 39 个茶树品种进行分析，发现各茶树品种之间的遗传相似系数在 0.17 ～ 0.97，揭示了不同茶树品种之间的亲缘关系。郑道君等（2007）利用 RAPD 技术确定了 8 个木犀科苦丁茶品种的亲缘关系。邱源等（2008）通过 RAPD 技术对种植在四川省开江县的 23 个油橄榄品种进行分析，发现各品种的种间遗传相似系数介于 0.67 ～ 0.98，平均相似系数为 0.78，其中科新 · 佛奥和贺吉的相似系数最高，达到 0.98，说明两者的亲缘关系最近。宋常美等（2011）利用 RAPD

技术对来自贵州各地的 35 份樱桃材料进行了亲缘性分析，各樱桃品种之间的相似系数在 0.44 ～ 0.87。表明贵州地方樱桃资源的遗传多样性丰富。

（3）RAPD 分子标记技术在植物构建基因指纹图谱上的应用。1991 年，Welsh 首次直接利用 RAPD 进行遗传作图，为基因图谱的构建提供了新的方法。RAPD 分子标记中的每个 RAPD 片段可作为分子图谱中的一个位点，大量的 RAPD 位点可以使得根据形态性状构建的遗传图谱变得饱和，加大定位基因的密度，完善物种的基因指纹图谱。由于 RAPD 是一种显性标记，符合孟德尔遗传定律，但不能区分杂合子基因和纯合子基因，因此在物种的遗传分析及基因指纹图谱的构建中常常将 RAPD 条带作为单剂量标记。利用这种方法，祁建民等（2003）采用 RAPD 技术构建了 10 个黄麻属植物的基因指纹图谱，为黄麻属植物的研究奠定了基础。于拴仓等（2015）构建了由 17 个连锁群，352 个遗传标记组成的大白菜基因指纹图谱，为大白菜的品种鉴定提供理论指导。张海英等（2017）构建了由 9 个连锁群，234 个标记组成的黄瓜基因指纹图谱，有助于了解黄瓜各品种的遗传背景。刘峰等构建了一张由 22 个连锁群，240 个标记的较高密度的基因指纹图谱，图谱覆盖了整个大豆的基因组，为大豆的遗传育种及品种系统演变研究提供依据。王凌晖等（2019）采用 RAPD 技术构建了广西野生何首乌的基因指纹图谱，有助于野生何首乌种质资源的分类、品种鉴定及良种选育。

（4）RAPD 分子标记技术在植物品种鉴定上的应用。随机引物扩增出的条带，可以构建物种的基因指纹图谱，由于每个品种的指纹图谱各不相同，根据二歧分类的原理，即可进行品种鉴定。品种混乱是困扰草莓科研和生产的一大问题。王志刚（2005）利用 8 个 RAPD 引物对 32 份草莓材料进行鉴定，其中 25 份易于区分。许磊等（2008）使用 RAPD 技术对 6 个鹰嘴豆品种进行了鉴定。刘冬芝

（2010）采用 RAPD 标记技术对于大酸枣与酸枣和枣的亲缘关系进行了研究，结果表明大酸枣与供试枣品种间亲缘关系相对较近。罗楠（2011）采用 RAPD 技术对四川枇杷产区的 8 个枇杷品种（系）进行品种（系）鉴定和系谱分析，初步建立了大五星、龙泉 1 号、川农 1 号等品种（系）的 DNA 指纹图谱。傅小霞等（2018）利用 RAPD 技术对中国热带农业科学院热带牧草研究中心提供的广泛种植的 11 份柱花草进行了品种鉴定。

七、随机引物

随机引物 PCR（Arbitrarily primed PCR，RP-PCR）是指在对模板顺序一无所知的情况下，通过随意设计或选择一个非特异性引物，在 PCR 反应体系中，首先在不严格条件下使引物与模板 DNA 中许多序列通过错配而复性。在理论上，并不一定要求整个引物都与模板复性，而只要引物的一部分特别是 3’ 端有 3 ～ 4 个以上碱基与模板互补复性，既可使引物延伸。

八、DNA 扩增指纹技术

DNA 指纹指具有完全个体特异的 DNA 多态性，DNA 扩增指纹技术（DNA amplification finger-printing，DAF）足以与手指指纹相媲美，因而得名。可用来进行个人识别及亲子鉴定，同人体核 DNA 的酶切片段杂交，获得了由多个位点上的等位基因组成的长度不等的杂交带图纹，这种图纹极少有两个人完全相同，故称为“DNA 指纹”。

1. 主要特点

（1）高度的特异性。研究表明，两个随机个体具有相同 DNA 图形的概率仅 3×10^{-11}；如果同时用两种探针进行比较，两个个体完全相同的概率小于 5×10^{-19}。全世界人口约 50 亿，即 5×10^{-9}。

因此，除非是同卵双生子女，否则几乎不可能有两个人的 DNA 指纹的图形完全相同。

（2）稳定的遗传性。DNA 是人的遗传物质，其特征是由父母遗传的。分析发现，DNA 指纹图谱中几乎每一条带纹都能在其双亲之一的图谱中找到，这种带纹符合经典的孟德尔遗传规律，即双方的特征平均传递 50% 给子代。

（3）体细胞稳定性。即同一个人的不同组织如血液、肌肉、毛发、精液等产生的 DNA 指纹图形完全一致。

2. 应用领域

（1）医学。DNA 指纹技术具有许多传统法医检查方法不具备的优点，如它从四年前的精斑、血迹样品中，仍能提取出 DNA 来做分析；如果用线粒体 DNA 检查，时间还将延长。此外千年古尸的鉴定，在俄国革命时期被处决沙皇尼古拉的遗骸，以及最近在前南地区的一次意外事故中机毁人亡的已故美国商务部长布朗及其随行人员的遗骸鉴定，都采用了 DNA 指纹技术。

此外，它在人类医学中被用于个体鉴别、确定亲缘关系、医学诊断及寻找与疾病连锁的遗传标记；在动物进化学中可用于探明动物种群的起源及进化过程；在物种分类中，可用于区分不同物种，也有区分同一物种不同品系的潜力。在作物的基因定位及育种上也有非常广泛的应用。

（2）生物学。DNA 指纹技术能够从 DNA 分子水平给每个玉米品种一个"身份证号码"，以其准确可靠、简单快速、易于自动化的优点越来越多的应用于品种管理。

玉米 DNA 指纹，是从 DNA 分子水平给予每个玉米品种一个能够准确表明其身份的代码，就像每个人都有一张身份证，DNA 指纹就是玉米的"分子身份证"。玉米的"分子身份证"则是采用 DNA 指纹技术，深入基因水平，用每个品种的特殊基因片段进行标记。

在玉米研究中心的实验室中，研究人员从各种玉米种子中取样，提取 DNA，对关键的基因片段进行扩增后，将其放进先进的 DNA 分析仪中进行检测，信息自动发送到玉米 DNA 指纹库中进行对比，如果这种品种是库内已存品种，就会被系统自动报出。这就好比把玉米品种的关键性基因标记编成二维码，一“扫”就能验明正身。

九、扩增的限制性内切酶片段长度多态性

扩增片段长度多态性（Amplified fragment length polymorphism，AFLP），是 1993 年荷兰科学家 Zabeau 和 Vos 发展起来的一种检测 DNA 多态性的分子标记技术。该技术具有多态性丰富、灵敏度高、稳定性好、可靠性高、不易受环境影响等优点，近年来广泛应用于生命科学各项研究中。AFLP 技术是在 RFLP 和 RAPD 基础上发展起来的。具有 RAPD 和 RFLP 技术的双重优点，对基因组的多态性检测不需要预知该基因组的序列特征，易于标准化，所检出的多态位点同 RAPD 一样可覆盖整个基因组；同时具有与 RFLP 标记同样的稳定性和可靠性。因此，AFLP 被认为是迄今为止最有效的分子标记，被广泛应用于农作物、蔬菜、林木、果树等植物的遗传多样性和亲缘关系分析、遗传连锁图谱构建、种质资源鉴定、基因定位与克隆、基因表达与调控、标记辅助选择育种等方法研究。

1. AFLP 分子标记技术原理

AFLP 技术是基于 PCR 反应的一种选择性扩增限制性片段的方法。由于不同物种的基因组 DNA 大小不同，基因组 DNA 经限制性内切酶酶切后，产生分子量大小不同的限制性片段。使用特定的双链接头与酶切 DNA 片段连接作为扩增反应的模板，用含有选择性碱基的引物对模板 DNA 进行扩增，选择性碱基的种类、数目和顺

序决定了扩增片段的特殊性，只有那些限制性位点侧翼的核苷酸与引物的选择性碱基相匹配的限制性片段才可被扩增。扩增产物经放射性同位素标记、聚丙烯酰胺凝胶电泳分离，然后根据凝胶上 DNA 指纹的有无来检验多态性。Vos 等（1995）曾对 AFLP 的反应原理进行了验证，结果检测到的酶切片段数与预测到的酶切片段数完全一致，充分证明了 AFLP 技术原理的可靠性。

进行 AFLP 分析时，一般应用两种限制性内切酶在适宜的缓冲系统中对基因组 DNA 进行酶切，一种为低频剪切酶，识别位点为六碱基的 rare cutter ；另一种为高频剪切酶，识别位点为四碱基的 frequent cutter。双酶切产生的 DNA 片段长度一般小于 500 bp，在 AFLP 反应中可被优先扩增，扩增产物可被很好地分离，因此一般多采用稀有切点限制性内切酶与多切点限制性内切酶相搭配使用的双酶切。目前常用的两种酶是 4 个识别位点的 Mse I 和 6 个识别位点的 EcoR I。

AFLP 接头和引物都是由人工合成的双链核苷酸序列。接头（Artificial adapter）一般长 14 ～ 18 个碱基对，由一个核心序列（Core sequence）和一个酶专化序列（Enzyme-specific sequence）组成。常用的多为 EcoR I 和 Mse I 接头，接头和与接头相邻的酶切片段的碱基序列是引物的结合位点。AFLP 引物包括 3 部分：5′ 端的与人工接头序列互补的核心序列（Core sequence，CORE），限制性内切酶特定序列（Enzyme-specific sequence，ENZ）和 3′ 端的带有选择性碱基的黏性末端（Selective extension，EXT）。

2. AFLP 分子标记技术流程

AFLP 分子标记技术包括 3 个步骤：① DNA 的提取和质量检测。即 DNA 的酶切以及与人工合成的寡聚核苷酸接头（Artificial oligonucleotide adapter）连接。为了使酶切片段大小分布均匀，一般采用双酶酶切，在基因组上分别产生低频切口和高频切口。

② 选择性扩增酶切片段。AFLP 引物包括与人工接头互补的核心序列（CORE）、限制性内切酶特定序列（ENZ）和 3′ 端选择性碱基 3 部分。一般用不带或带 1 个选择性碱基的引物进行预扩增，然后用带 2 ～ 3 个选择性碱基的引物进行再扩增。所用引物可用放射性或荧光标记。③ AFLP 标记的统计。AFLP 产物通过聚丙酰胺变性凝胶电泳（SDS-PAGE）检测样品的多态性，可灵敏地分辨只有一个碱基差异的不同 DNA 片段。

3. AFLP 分子标记的特点

（1）DNA 需要量少，检测效率高，理论上可产生无限多的 AFLP 标记。一个 0.5 mg 的 DNA 样品可做 4 000 个反应。由于 AFLP 分析可采用多种不同类型的限制性内切酶及不同数目的选择性碱基，因此理论上 AFLP 可产生无限多的标记数并可覆盖整个基因组。

（2）多态性高。AFLP 分析可以通过改变限制性内切酶和选择性碱基的种类与数目，来调节扩增的条带数，具有较强的多态分辨能力。每个反应产物经变性聚丙烯酰胺凝胶电泳可检测到的标记数为 50 ～ 100 个，能够在遗传关系十分相近的材料间产生多态性，被认为是指纹图谱技术中多态性最丰富的一项技术。Becker 等（1995）对多态性很差的大麦进行 AFLP 分析，仅用 16 个引物就定位了 118 个位点。

（3）可靠性好，重复性高。AFLP 分析采用特定引物扩增，退火温度高，使假阳性降低，可靠性增高。AFLP 标记在后代中的遗传和分离中遵守孟德尔定律；种群中的 AFLP 标记位点遵循 Hardy-Weinberg 平衡。

（4）对 DNA 模板质量要求高，对其浓度变化不敏感。AFLP 反应对模板浓度要求不高，在浓度相差 1 000 倍的范围内仍可得到基本一致的结果。但该反应对模板 DNA 的质量要求较为严格，

DNA 的质量会影响酶切、连接扩增反应的顺利进行。

4. AFLP 分子标记技术的应用

AFLP 作为一种较新的分子标记，近 10 年来，AFLP 技术获得了很大进步，并展示出良好的发展前景，已经广泛应用于生命科学研究的诸多领域，如动物学、植物学、医学等方面。AFLP 技术自发明以来，作为一种重复性好、分辨力高的 DNA 标记，已经成为生命科学各领域，尤其是分子遗传学研究的一种重要工具和手段。近年来，随着技术的不断改进和完善，该方法更加方便和易于操作，应用范围也在不断扩展。该技术也存在着一些不足之处，如对样本 DNA 的质量要求很高从而易于导致偏差，设备费用较高等，但 AFLP 技术与 microsatellites 技术、序列信息的综合分析可作为遗传变异分析的主要工具。因此，研究者应综合考虑 AFLP 技术的优点和局限，根据特定的研究内容和需要加以选择。

十、简单序列重复

SSR 简单序列重复标记（Simple sequence repeat，SSR），也叫微卫星序列重复，是由一类由几个核苷酸（1 ～ 5 个）为重复单位组成的长达几十个核苷酸的重复序列，长度较短，广泛分布在染色体上。其基本原理是：根据微卫星序列两端互补序列设计一对特异引物，通过 PCR 反应扩增微卫星片段，由于基本重复单位次数不同，从而形成 SSR 座位的多态性。该技术的关键在于设计出一对特异的 PCR 引物。SSR 标记一般检测到的是一个单一的多等位基因位点，所需的 DNA 量比较少，而且呈现共显性，可以鉴别杂合和纯合子，实验程序简单，耗时短，结果重复性好，完全符合作物品种鉴定的 4 个基本准则：环境的稳定性、品种间变异可识别性、最小的品种内变异性和实验结果的可靠性。

到目前为止，SSR 技术已在水稻、玉米、油菜等多种农作物种子的品种纯度中得到应用。在椰子、油棕等棕榈科木本植物中也有应用。柳晓磊等（2008）应用简单重复序列标记方法，对海南的 11 个椰子栽培品种进行了遗传多样性分析。选取 30 对引物用于 PCR 扩增，有 23 对引物扩增出有效多态性片段 136 条，平均多态性百分率为 95.77%，每对引物扩增出的带数为 2 ～ 12 条不等，平均为 6.17 条，每个 SSR 位点的多态信息量（PIC）在 0.173 ～ 0.896 之间，平均为 0.561。11 份材料之间遗传相似系数变化范围 0.061 ～ 0.861，说明海南椰子栽培品种之间存在丰富的遗传多样性。UPGMA 聚类分析结果表明，11 个椰子栽培品种分为 4 个类群和两个亚群。罗意等（2012）根据 NCBI 公布的椰子序列，挖掘 SSR 位点，共找到 383 个 SSR 位点，其中 212 个 SSR 位点能根据侧翼位点设计引物。采用 28 个 SSR 引物对 10 个椰子种质资源中进行扩增，发现 10 个标记具有较为丰富的多态性，同时评估了这 10 个椰子品种间的遗传距离，结果显示，我国与马来西亚椰子品种的品均遗传距离最大，而我国椰子品种内部的平均遗传距离最小；10 个品种可被分为 4 类，其分组与地理来源相关。

SSR 分子标记技术是建立分子指纹图谱的常用技术。郭燕等（2016）基于表达序列标签（EST）的 SSR 分子标记技术，分析了 40 份贵州古茶树资源的遗传多样性，鉴定了其分子指纹图谱，并从 SSR 标记中筛选出 4 个核心标记，构建了 18 位分子指纹图谱号码，且每个品种都有唯一的分子指纹图谱号码。张俊杰等（2020）基于 SSR 分子标记技术，对来自福建省的 7 个供试茶树品种的遗传多样性水平进行分析，并构建其分子指纹图谱。

由于重复单位的次数的不同或重复程度的不完全相同，造成了 SSR 长度的高度变异性，由此而产生 SSR 标记或 SSLP 标记。虽然 SSR 在基因组上的位置不尽相同，但是其两端序列多是保守的单拷贝序列，因此可以用微卫星区域特定顺序设计成对引物，通过

PCR 技术，经聚丙烯酰胺凝胶电泳，即可显示 SSR 位点在不同个体间的多态性。其优点可概括为以下 3 点。

（1）标记数量丰富，具有较多的等位变异，广泛分布于各条染色体上。

（2）是共显性标记，呈孟德尔遗传。

（3）技术重复性好，易于操作，结果可靠。

缺点：开发此类标记需要预先得知标记两端的序列信息，而且引物合成费用较高。

十一、简单重复序列间区

简单重复序列间区（Inter-simple sequence repeat, ISSR）是以单引物的 PCR 为基础，扩增两个序列相同但方向相反 SSR 之间的一段 DNA 序列，但前提是这段的长度在可扩增范围内才能被扩增出来。设计 ISSR 引物不必像 SSR 技术那样需要预先知道基因组序列。引物通常是 16 ～ 25 个碱基，其主体是 2 ～ 4 个碱基的基序重复串联而成，然后在其 5′ 端或 3′ 端加上 1 ～ 4 个锚定碱基。例如（CA）n 能被用来设计成 5′ 端锚定引物 NN（CA）n 或者 3′ 端锚定引物加上 1 ～ 4 个锚定碱基。ISSR 综合了其他分子标记高多态性、可重复性、低成本易操作以及无须知道基因组序列等优点。由于微卫星广泛分布在基因组中，且等位变异特别丰富，因而 ISSR 具有很高的多态性。此外，由于 ISSR 的引物（16 ～ 25 个碱基）比 RAPD 的引物（10 个碱基）更长，可以使用更高的退火温度（45 ～ 60℃），所以 ISSR 比 RAPD 拥有更高的重复性和可靠性。然而 ISSR 技术同样具有 RAPD 技术易操作性和引物设计随机性，这使得它在这些方面比 AFLP 技术和 SSR 技术更具优势。ISSR 技术在植物中的应用主要有 3 方面。

（1）品种鉴定和种质资源收集。Chaeters 和 Wilkinson（2000）

运用 ISSR 技术来辅助可可种质资源的收集。仅用 6 条引物就能将 62 个样品中的 56 个区分开。证明 ISSR 技术快速、简单和重复性强，在可可种质资源评估方面存在巨大的潜力。黄光文（2006）应用 ISSR 和 SSR 等长度多态性标记和序列多态性标记分析了普通野生稻和栽培稻细胞核、叶绿体和线粒体 DNA 的遗传多态性，进而探讨了水稻种质资源的遗传多样性，发现海南普通野生稻和茶陵普通野生稻之间具有 ISSR 差异带 47 条，共在 22 个 SSR 基因座上有 52 个等位基因的差异，表明我国普通野生稻分化比较大，遗传多态性高。

（2）遗传多样性和系统进化关系。ISSR 技术已经被广泛应用于植物种间和种内的遗传多样性分析，例如在苔藓类植物、水稻、玫瑰、油菜、草莓以及木本植物胡桃。Souframanien 等（2004）用 ISSR 和 RAPD 研究黑豆的遗传多样性，结果 ISSR 扩增出 57.4% 的多态性片段，而 RAPD 只扩增出 42.7%，且发现 ISSR 的分析结果比 RAPD 的结果更加可靠。王凌云等（2019）采用简单重复序列间区（ISSR）分子标记技术对 30 份茭白品种进行遗传多样性分析。结果表明，8 个 ISSR 引物共扩增获得 31 条多态性条带，多态性比例为 40.26%，通过遗传相似系数和聚类分析，能将 30 份茭白品种区分开，说明 ISSR 标记技术能从分子水平揭示茭白品种的遗传多样性。

（3）遗传作图、基因定位及标记辅助选择。由于 ISSR 标记遍及于整个基因组，而且高度多态性，因此成为绘制遗传连锁图的理想标记。构建遗传连锁图的步骤一般如下：第一，选择可用于遗传作图的分离群体（通常采用 F_2 和 BC1 群体）。第二，对亲本和群体进行分子标记，分析筛选出符合孟德尔遗传规律的可用于作图的遗传标记。第三，利用计算机软件（例如 MAPMAKER）来绘制遗传连锁图。确定遗传距离。例如 Poyraz 等（2016）将 ISSR 标记应用于葡萄的遗传作图。苏群等（2020）采用 ISSR 分子标记技术对从国内外引种的 46 份睡莲种质资源进行遗传多样性分析，并对其中的原生种及原生变种构建 DNA 指纹图谱。

连锁重要性状的 ISSR 标记还可以进行测序，从而转化为一个更具特异性的标记来辅助选择这一性状。例如，由于条带统计的复杂性限制了分子标记技术在辅助育种和图位克隆方面的应用。基于这一性状，越来越多的研究者将检测出的标记转化为 SCAR 标记。SCAR（sequence characterized amplified region）标记的基本原理是根据已获得的标记片段的序列信息来设计一对长度为 20bp 左右的特异引物，然后通过普通的 PCR 手段来揭示多态性。

十二、逆转录 PCR

逆转录 PCR 或者称反转录 PCR（Reverse transcription-PCR，RT-PCR），是聚合酶链式反应（PCR）的一种广泛应用的变形。在 RT-PCR 中，一条 RNA 链被逆转录成为互补 DNA，再以此为模板通过 PCR 进行 DNA 扩增。由一条 RNA 单链转录为互补 DNA（cDNA）称作“逆转录”，由依赖 RNA 的 DNA 聚合酶（逆转录酶）来完成。随后，DNA 的另一条链通过脱氧核苷酸引物和依赖 DNA 的 DNA 聚合酶完成，随每个循环倍增，即通常的 PCR。原先的 RNA 模板被 RNA 酶降解，留下互补 DNA。

RT-PCR 的指数扩增是一种很灵敏的技术，可以检测较低拷贝数的 RNA。RT-PCR 广泛应用于遗传病的诊断，并且可以用于定量监测某种 RNA 的含量。检测基因表达的方法，参见 Northern Blot 法。RT-PCR 的关键步骤是在 RNA 的反转录，要求 RNA 模版为完整的且不含 DNA、蛋白质等杂质。常用的反转录酶有两种，即鸟类成髓细胞性白细胞病毒（Avian myeloblastosis virus，AMV）反转录酶和莫罗尼鼠类白血病病毒（Moloney murine leukemia virus，

MMLV）反转录酶。在完成逆转录过程之后，通过 PCR 进行定量分析的时候，随着技术的发展，real-time PCR（实时荧光 PCR）或 ddPCR（数字 PCR）技术也被用来做定量分析，它们比普通 PCR 进行定量分析时灵敏度更高，定量更精确。

十三、差异显示逆转录 PCR

差异显示 RT-PCR 技术（Differential display reverse transcription PCR，DDRT-PCR）是在基因转录水平上研究差异表达和性状差异的有效方法之一，该方法在生物的发育、性状和对各种生物、理化因子作用时应答过程基因表达的研究中应用十分广泛。由于 DDRT-PCR 技术需要总 RNA 的量极少，操作简便、快速、灵敏，它在基因差异表达的研究方面的成功运用，使得 DDRT-PCR 被许多生物实验室作为一种重要工具，应用于体内和体外差异表达基因的筛选，研究基因功能。

DDRT-PCR 技术以分子生物学上最广泛应用的两种技术 PCR 和聚丙烯酰胺凝胶电泳为基础。其基本原理是，以一对细胞（或组织）的总 RNA 反转录而成的 cDNA 为模板，利用 PCR 的高效扩增，通过 5′ 端与 3′ 端引物的合理设计和组合，将细胞（或组织）中表达的约 15 000 种基因片段直接显示在 DNA 测序胶上，从而找出一对细胞（或组织）中表达有差异的 cDNA 片段。DDRT-PCR 技术的优、缺点如下。

（1）极少的总 RNA 需要量。一次试验仅需要 0.02 ～ 0.2 μg，是其他的差异表达研究方法无法比拟的，对材料来源困难的生物体来说这种方法无疑是最佳选择。另外，用纯化的总 RNA 和纯化的 mRNA 做模板都可以获得相同差异表达结果，因为锚定引物 Oligo-dTnM 能特异性结合于 mRNA 的多聚 A 尾部，而转运 RNA 和核糖体 RNA 的存在不影响 DDRT-PCR 的结果。

（2）敏感度高。其他研究差异表达的方法适用于高转录水平的 mRNA 的差异比较，而低转录水平的 mRNA 的差异比较却显得无能为力。差异显示 PCR 技术对于筛选低转录水平的 mRNA 的结果得到很大改善，使低转录水平 mRNA 进行差异显示 PCR 的可能性大大提高多功能性。在测序胶上将差异表达的结果显示出来，可以同时并列比较对照多个研究对象。比如研究不同材料或不同处理条件下的差异对照，使后期在选择差异片段时有所参考，并回收那些出现或消失的差异条带，可获得“打开”或“关闭”的基因信息。

（3）操作简单快捷。DDRT-PCR 技术操作简单快捷，从 RNA 的纯化，差异显示 PCR、差异电泳、差异带分离纯化，差异鉴定、阳性结果的序列分析，可以在 2 周内完成，这是其他方法无法比拟的。

虽然 DDRT-PCR 技术已广泛应用于差异表达基因的研究，并且仍在不断地优化和改进。例如假阳性高。DDRT-PCR 技术假阳性差异带过高，有时甚至高达 70% 以上。差异条带经回收后，必须再次扩增才能用于 Northern 杂交、克隆及序列分析等，有时 2 次 PCR 反应经常扩增出多条带，影响随后的杂交鉴定。对于消除假阳性，设置对照和进行必要的跟踪实验是行之有效的。消除假阳性有 5 种方法可用：① 进行双复管 PCR 扩增。② 获得高质量，具有完整性的，不被 RNA 酶降解的总 RNA 模板，比如细胞质 RNA。③ 用 DNA 酶纯化的总 RNA 中少量的 DNA，消除基因组 DNA 污染。④ 减少 PCR 循环次数。⑤ 在 mRNADDRT-PCR 中采用更严格更特异扩增条件，如增强的 mRNADDRT-PCR，可最大限度降低假阳性。

（4）获得的片段短。mRNA 的平均长度 1.2 kb，DDRT-PCR 所得 cDNA 片段的长度多在 100 ～ 400 bp 之间，平均长度约 300 bp，这些片段大多数位于 mRNA 3′ 端 300 bp 左右的非翻译区，这段 mRNA 在不同生物间差别较大，基因文库中常不包括这部分。DDRT-PCR 的 cDNA 并不是都能找到与之同源的序列。另外，由于同一生物 3′端的非翻译区较为相似，对 cDNA 进行测序之后并不能预测其功能和做进一步分析。为了得到翻译区的序列，常用的方法是筛选 cDNA 文库或者应用 RACE 方法获取全基因，但筛选 cDNA 文库非常耗时，并且同一物种，不同的基因 3′端的非翻译区非常相似，筛库工作很可能是徒劳的。

（5）稀有 mRNA 差异显示困难。PCR 高度灵敏，易扩增展示稀有 mRNA 片段，这既是该方法的优点，也是该方法的不足之处，因为稀有的 mRNA 在杂交时显示不出表达信号。因此，该方法倾向于分离高拷贝数的 cDNA 序列，如何提高分离稀有 mRNA 效率有待进一步的研究。

十四、表达序列标签

表达序列标签（Expressed sequence tags，ESTs）是指从不同组织来源的 cDNA 序列。这一概念首次由 Adams 等于 1991 年提出。近年来由此形成的技术路线被广泛应用于基因识别、绘制基因表达图谱、寻找新基因等研究领域，并且取得了显著成效。在通过 mRNA 差异显示、代表性差异分析等方法获得未知基因的 cDNA 部分序列后，研究者都迫切希望克隆到其全长 cDNA 序列，以便对该基因的功能进行研究。

EST 是从一个随机选择的 cDNA 克隆进行 5′端和 3′端单一次测序获得的短的 cDNA 部分序列，代表一个完整基因的一小部分，在数据库中其长度一般从 20 ～ 7 000 bp 不等，平均长度为（360 ± 120）bp。EST 来源于一定环境下一个组织总 mRNA 所构建的 cDNA 文库，因此 EST 也能说明该组织中各基因的表达水平。

其基本原理为首先从样品组织中提取 mRNA 在逆转录酶的作

用下用 oligo（dT）作为引物进行 RT-PCR 合成 cDNA，再选择合适的载体构建 cDNA 文库，对各菌株加以整理，将每一个菌株的插入片段根据载体多克隆位点设计引物进行两端一次性自动化测序，这就是 EST 序列的产生过程。克隆全长 cDNA 序列的传统途径是采用噬斑原位杂交的方法筛选 cDNA 文库，或采用 PCR 的方法，这些方法由于工作量大、耗时、耗材等缺点已满足不了人类基因组时代迅猛发展的要求。而随着人类基因组计划的开展，在基因结构、定位、表达和功能研究等方面都积累了大量的数据，如何充分利用这些已有的数据资源，加速人类基因克隆研究，同时避免重复工作，节省开支，已成为一个急迫而富有挑战性的课题摆在我们面前，采用生物信息学方法延伸表达序列标签（ESTs）序列，获得基因部分乃至全长 cDNAycg，将为基因克隆和表达分析提供空前的动力，并为生物信息学功能的充分发挥提供广阔的空间。

1. 基因识别

EST 技术最常见的用途是基因识别，传统的全基因组测序并不是发现基因最有效率的方法，这一方法显得既昂贵又费时。因为基因组中只有 2% 的序列编码蛋白质，因此一部分科学家支持首先对基因的转录产物进行大规模测序，即从真正编码蛋白质的 mRNA 出发，构建各种 cDNA 文库，并对库中的克隆进行大规模测序。表达序列标签的概念标志着大规模 cDNA 测序时代的到来。虽然 ESTs 序列数据对不精确，精确度最高为 97%，但实践证明 EST 技术可大大加速新基因的发现与研究。

2. 物理图谱

ESTs 在多种以基因为基础的人和植物基因组物理图谱构建中扮演着重要角色。在这一应用中，从 ESTs 发展起来的 PCR 或杂交分析可用来识别 YACs、BACs 或其他含有大片段插入克隆类型的载体，它们是构建基因组物理图谱的基础，将 EST 与基因组物理图谱相比较即可辨认出含有剩余基因序列的基因组区间，包括调控基因表达的 DNA 控制元件，对这些元件进行分析就有可能获得对基因功能的详细了解。物理图谱与遗传图谱间的相互参考，形成一个用途更广泛的综合资源，获得这张综合图谱后，研究人员就可以孟德尔遗传特征为基础，将相关基因定位在基因组区间上，并且通过查询以 ESTs 为基础的图谱，即可获得这一区间上所有基因的名单。该综合资源用途的大小取决于 EST 数据库中拥有的基因数目。人和小鼠 EST 的不断扩充使其应用更加广泛和便捷。

3. 序列注释

EST 数据库并非完美无瑕，因为 ESTs 不能被剪切为单列序列位点识读，故精确度只能达到 97%，另外，ESTS 受制于表达倾向（Expression bias），因为产生 ESTs 的 cDNA 是组织中丰富的 mRNA 以一定比例反转录而成，因此，表达水平很低的 EST 数据库中很难找到，而表达量高的基因在 EST 数据库中却过量存在。虽然可在起始 mRNA 或由它合成双链 cDNA 时进行富集，减小 cDNA 文库，但 cDNA 文库中仍存在大量高丰度的 cDNA 克隆。因此，一个理想的 cDNA 文库必须去除或尽量消除多克隆的影响，这就涉及 cDNA 文库的前加工技术；均等化（Normalization），减少与丰富编码基因相关的 cDNA 数目；消减杂交（Subtractive hybridization），应用序列标记 cDNA 识别并去除文库中多余的克降，这些技术的发展，使基因识别更依赖于 EST 技术，甚至可通过该技术获得精确的基因组 DNA 序列，在华盛顿大学基因组测序中心和 Sanger 中心的联合攻关下，C.elegans 基因组 10 亿个碱基对的测序工作基本完成。因此 ESTs 是一系列基因寻找工具中不可缺少后部分，而这些工具都是基因组序列为基础的。ESTs 技术关于基因组 DNA 序列的其他应用还包括对基因内含子、外显子排列的精确预测，选择性接合事件的识别，反常基因组排列结构的识别等。

4. 基因克隆

利用计算机来协助克隆基因，称为“电子”基因克隆（Sillcon cloning），是与定位克隆、定位候选克隆策略并列的方法之一，即采用生物信息学的方法延伸EST序列，以获得基因部分乃至全长的cDNA序列。EST数据库的迅速扩张，已经并将继续导致识别与克隆新基因策略发生革命性变化。

（1）EST序列的获取。利用计算机来协助克隆的第一步是必须获得感兴趣的EST，在dbEST数据库中找出EST的最有途径是寻找同源序列，标准：长度≥100 bp，同源性50%以上、85%以下。可通过数个万维网界而使用BLAST检索程度实现，其中最常用的如NCBI（National center for biotechnology information）的GenBank、意大利Tigem的ESTmachine（包括EST提取者和EST组装机器）、THC（Tentative human consensus sequences）数据库、ESTBlast检索程序——通过英国人类基因组作图项目资源中心（Human genome mapping project resource center，HGMP-RC）服务器上访问。然后将检出序列组装为重叠群（contig），以此重叠群为被检序列，重复进行BLAST检索与序列组装，延伸重叠样系列，重复以上过程，直到没有更多的重叠EST检出或者说重叠群序列不能继续延伸，有时可获得全长的基因编码序列。获得这些EST序列数据后，再与GeneBank核酸数据库进行相似性检测，假如精确匹配基因，将EST序列数据EST六种阅读框翻译成蛋白质，接着与蛋白质序列数据库进行比较分析。基因分析的结果大致有3种：第一是已知基因，是研究对象为人类已鉴定和了解的基因；第二是以前未经鉴定的新基因；第三是未知基因，这部分基因之间无同种或异种基因的匹配。新基因和未知基因将进一步用于生物学研究。

（2）基因的电子定位。基因的电子定位采用NCBI的电子PCR程序进行检索，寻找EST序列上是否存在序列标签位点（Sequence tagged sites，STS），STS 作为基因组中的单拷贝序列，是新一代的遗传标记系统，其数目多，覆盖密度较大，达到平均每 1 kb 一个 STS 或更密集。将寻找到的 STS 与相应的染色体相比较，即可将此序列定位在该染色体上。

（3）IMAGE 克隆的索取。许多 ESTs 所对应的 cDNA 克隆可通过基因组及其表达的整合分子分析（Intergrated molecular analysis of genomes and their expression，IMAGE）协定免疫索取，这与电子基因克隆相辅相成，IMAGE 协定由美国 LLNL 国家实验室主持，宗旨是共享排列好的 cDNA 文库中的克隆，大规模的 EST 测序项目如 Merk&Cow 公司投资的人类 ESTs 项目等都加入了 IMAGE 协定。当研究者通过另外的途径得到基因的部分序列，并通过同源性检索后发现该片段与加入 IMAGE 协定的 EST 序列高度同源时，便可免费索取其原始克隆，可通过美国的 ATCC 组织（American type culture collection）索取，从而避免或减轻筛选全长基因的麻烦，以集中精力进行基因的功能研究。

十五、单核苷酸多态性

单核苷酸多态性（Single nucleotide polymorphism，SNP），主要是指在基因组水平上由单个核苷酸的变异所引起的 DNA 序列多态性。它是人类可遗传的变异中最常见的一种。占所有已知多态性的 90% 以上。SNP 在人类基因组中广泛存在，平均每 500 ～ 1 000 个碱基对中就有 1 个，估计其总数可达 300 万个甚至更多。SNP 所表现的多态性只涉及单个碱基的变异，这种变异可由单个碱基的转换（transition）或颠换（transversion）所引起，也可由碱基的插入或缺失所致。但通常所说的 SNP 并不包括后两种情况。

理论上讲，SNP 既可能是二等位多态性，也可能是 3 个或 4 个等位多态性，但实际上，后两者非常少见，几乎可以忽略。因此，通常所说的 SNP 都是二等位多态性的。这种变异可能是转换（C ←→ T，在其互补链上则为 G ←→ A），也可能是颠换（C ⟷ A，G ⟷ T，C ⟷ G，A ⟷ T）。转换的发生率总是明显高于其他几种变异，具有转换型变异的 SNP 约占 2/3，其他几种变异的发生概率相似。转换的概率之所以高，可能是因为 CpG 二核苷酸上的胞嘧啶残基是人类基因组中最易发生突变的位点，其中大多数是甲基化的，可自发地脱去氨基而形成胸腺嘧啶。

在基因组 DNA 中，任何碱基均有可能发生变异，因此 SNP 既有可能在基因序列内，也有可能在基因以外的非编码序列上。总的来说，位于编码区内的 SNP（coding SNP，cSNP）比较少，因为在外显子内，其变异率仅及周围序列的 1/5。但它在遗传性疾病研究中却具有重要意义，因此 cSNP 的研究更受关注。从对生物的遗传性状的影响上来看，cSNP 又可分为 2 种：一种是同义 cSNP（synonymous cSNP），即 SNP 所致的编码序列的改变并不影响其所翻译的蛋白质的氨基酸序列，突变碱基与未突变碱基的含义相同；另一种是非同义 cSNP（non-synonymous cSNP），指碱基序列的改变可使以其为蓝本翻译的蛋白质序列发生改变，从而影响了蛋白质的功能。这种改变常是导致生物性状改变的直接原因。cSNP 中约有一半为非同义 cSNP。

SNP 自身的特性决定了它更适合于对复杂性状与疾病的遗传解剖以及基于群体的基因识别等方面的研究。

（1）SNP 数量多，分布广泛。据估计，人类基因组中每 1 000 个核苷酸就有一个 SNP，人类 30 亿碱基中共有 300 万以上的 SNPs。SNP 遍布于整个人类基因组中，根据 SNP 在基因中的位置，可分为基因编码区 CNPs（Coding-region SNPs，cSNPs）、基因周边 SNPs（Perigenic SNPs，pSNPs）以及基因间 SNPs（Intergenic SNPs，iSNPs）等 3 类。

（2）SNP 适于快速、规模化筛查。组成 DNA 的碱基虽然有 4 种，但 SNP 一般只有两种碱基组成，所以它是一种二态的标记，即二等位基因（biallelic）。由于 SNP 的二态性，非此即彼，在基因组筛选中 SNPs 往往只需 +/- 的分析，而不用分析片段的长度，这就利于发展自动化技术筛选或检测 SNPs。

（3）SNP 等位基因频率的容易估计。采用混合样本估算等位基因的频率是种高效快速的策略。该策略的原理是：首先选择参考样本制作标准曲线，然后将待测的混合样本与标准曲线进行比较，根据所得信号的比例确定混合样本中各种等位基因的频率。

（4）易于基因分型。SNPs 的二态性，也有利于对其进行基因分型。对 SNP 进行基因分型包括 3 个方面的内容。① 鉴别基因型所采用的化学反应，常用的技术手段包括：DNA 分子杂交、引物延伸、等位基因特异的寡核苷酸连接反应、侧翼探针切割反应以及基于这些方法的变通技术。② 完成这些化学反应所采用的模式，包括液相反应、固相支持物上进行的反应以及二者皆有的反应。③ 化学反应结束后，需要应用生物技术系统检测反应结果。

第三节　新型的 DNA 分子标记技术

一、抗病基因同源序列

抗病基因同源序列（Resistance gene analogs，RGAs）标记是用基于抗病基因保守序列设计的引物扩增基因组得到的抗病基因类似序列的新型的分子标记。尽管基因间整个序列的同源性不足以用 RFLP 杂交检测，但抗病基因中存在的这些保守区域为在其他植物中进行 PCR 扩增和分离 RGAs 提供了机会。

二、随机微卫星扩增多态

随机微卫星扩增多态（DNA Random microsatellite amplify polymorphic DNA，RMAPD）利用 RAPD 引物和微卫星上游或下游引物结合，对基因组 DNA 进行扩增，探索更有效的揭示所有微卫星及其他 DNA 遗传多态性的方法，以期获得研究 DNA 多态性的新的分子标记方法。因该方法同时利用随机引物和微卫星引物进行扩增，暂时定名为随机微卫星扩增多态 DNA。

三、相关序列扩增多态性

相关序列扩增多态性（Sequence related amplifiedpolymorphism，SRAP）技术也是一种基于 PCR 的分子标记技术。SRAP 通过独特的引物设计对开放阅读框（Open reading frames，ORFs）进行扩增。研究者在最初开发该标记时发现，拟南芥（*Arabidopsis thaliana*）的外显子一般处于富含 GC 区域，而在启动子和内含子区，AT 含量相对很高，在不同个体中，启动子、内含子之间的间隔变化较大。针对两类元件设计引物，可产生很丰富的多态性．基于以上原理，SRAP 引物设计具有如下特点，正向引物 5′端前 10 个碱基为无任何特异性的填充序列，接着为 CCGG 核心序列；随后为 3′端的 3 个选择性碱基，可保证 PCR 扩增的特异性，以特异结合富 AT 区，AATT 序列后为 3 个选择性碱基，位于引物 3′端，PCR 扩增时，正反向引物车工年对加入。王丹丹（2018）通过对 SRAP 和 TRAP 标记的比较研究，新疆 10 种野生葱蒜遗传多样性丰富、且遗传距离与地理距离没有相关性。张雪蕊（2018）利用 SRAP 分子标记技术研究了麻城早熟油茶种质资源的遗传多样性。

四、靶位区域扩增多态性

靶位区域扩增多态性（Target region amplified poly-morphism，TRAP）标记从 SRAP 技术改进而来的新型分子标记技术，其原理是借助大规模测序技术产生的庞大生物序列信息，利用生物信息学工具和表达序列标签数据库信息设计引物，对目标候选基因序列区进行 PCR 扩增产生多态性标记。此标记具有操作简单、重复性好、稳定性好、效率高的特点。目前已经成功应用于许多植物的遗传图谱构建、重要性状基因标记、种质资源的多样性研究及分子标记辅助育种等方面。

2003 年，美国农业部北方作物科学实验室 Hu 与 Vick 的基础上发明了靶位区域扩增多态性（Target region amplified poly—morphism）技术。TRAP 技术是基于已知的 cDNA 或 EST（Express sequences tags）序列信息。由于目前已获得许多物种基因序列草图绘制成功，有大量 EST 数据信息可供参考使用，从而可以利用生物信息学工具和 EST 数据库产生出许多目标基因序列的 TRAP 多态性标记，而且极易将性状与标记相关联。

TRAP 技术采用两个 16 ～ 20 个（一般为 18 个）核苷酸引物，一个固定引物（Fixed primer），另一个随机引物（Arbitrary primer）。固定引物依据已知的 EST 序列或基因序列设计，随机引物与 SRAP 引物类似，为一段富含 AT 或 GC 核心的随机序列，可与内含子或外显子区配对。通过对目标区域 PCR 扩增，产生围绕目标候选基因序列的多态性标记。TRAP 技术与 SRAP 技术均采用相同的 PCR 扩增条件，即复性变温法。采用软件设计固定引物时，注意将其最佳、最高和最低的 Tm 值分别设定为 53℃、55℃和 50℃，而使用的随机引物与 SRAP 引物相同。

相对于其他分子标记技术，TRAP 具有以下 4 个优点：

（1）操作简单。固定引物可采用软件自动完成．随机引物只需考虑具有富含 GC 或者 AT 的核心区，其余均为随机序列。

（2）重复性好。使用了 16 ～ 20 nt 长的引物，从理论上讲它应该具有较好的重复性。

（3）靶向性更高。一端引物针对 EST（或者特定基因）序列，往往可以扩增出目的基因片段。

（4）效率高。大多数情况下，可以在一个 TRAP-PCR 反应中扩增出多达 50 个以上的可统计片段。

五、酶切扩增多态性序列

酶切扩增多态性序列（Cleaved amplified polymorphism sequences，CAPS）技术又称为 PCR-RFLP，实质上是 PCR 与 RFLP 相结合的一种方法。CAPS 的基本原理是根据基因数据库、基因组或 eDNA 克隆等获得的序列信息，设计 1 套特异性的 PCR 引物，进行 PCR 扩增，将扩增产物用一种专一性的限制性内切酶切割，凝胶电泳分离，染色并进行分析。CAPS 标记揭示的是特异 PCR 片段中的限制性内切酶酶切位点的信息。与传统 RFLP 技术一样，CAPS 技术检测的多态性也是酶切片段大小的差异，结果较为稳定可靠，且表现出共显性。与 RFLP 相比，它具有以下 6 个优点。

（1）引物与限制酶组合非常多，增加了揭示多态性的机会。

（2）避免了 RFLP 分析中膜转印这一步骤，技术操作简单。

（3）在真核生物中，CAPS 标记呈共显性，即可区分纯合基因型和杂合基因型。

（4）所需 DNA 量少。

（5）结果稳定，重复性好。

（6）操作快捷、自动化程度高。

六、序列特定扩增区域标记

序列特定扩增区域标记（Sequence characterized ampli-fled region，SCAR）标记是 Paran 和 Mihcelmore 建立的一种可靠、稳定、可长期利用的标记技术，是在 RAPD 标记基础上提出的一种基于 PCR 技术的单基因位点多态性遗传标记。先用随机引物对基因组 DNA 进行 RAPD 扩增，筛选特异片段。获取特异的 RAPD 标记，进行克隆和测序，然后根据测序结果设计引物，对基因组 DNA 进行 PCB 特异扩增，这样便将与原 RAPD 片段相对应的单一位点鉴别出来。SCAR 标记可应用于品种鉴定和种质评价，将一些形态学上难以区分的品种进行鉴别以及种质评价。吴学谦等（2005）用 SCAR 标记作为 162 和申香 10 号菌株的特异 DNA 指纹而用于该菌株的准确鉴定。仅仅一天时间内准确鉴定出该菌株的真伪。Liu 等（2020）将枸杞属（枸杞）品种或品种改良 RAPD 扩增的 ramp-PCR 片段，克隆到 pGEM-T 载体上，经 PCR 扩增、酶切和 Sanger 测序，筛选出阳性克隆 10-5。鉴定出一个 SCAR（序列特征扩增区）标记物枸杞 10-5，全长 949 个核苷酸。SCAR 标记在目标基因的辅助选择上也有应用，周涛等（2013）运用该标记为快速鉴定头花蓼与近缘种尼泊尔蓼药材提供依据。此外，它还可以在品种纯度鉴定中发挥重要作用，陈灵芝等（2011）利用该标记成功鉴定“陇椒 5 号”辣椒种子的纯度。亓晓莉等（2012）以 Ha17 禾谷孢囊线虫群体中能产生 RAPD 多态性的 DNA 为模板进行扩增，并通过设计特异引物建立 SCAR 标记，从而成功地从供试的禾谷孢囊线虫及其近似种（共 9 种 32 个线虫种群）的 DNA 样品中直接检测区分出禾谷孢囊线虫。

SCAR 标记技术对比 RAPD 技术有以下 3 点优越性。

（1）由于使用较长的特异性引物和较高的退火温度．可有效解决 RAPD 标记结果不稳定、重复性差等问题。

（2）可将显性的 RAPD 标记转化为共显性的 SCAB 标记，解决由于 DNA 降解而对 RAPD 带来的影响。

（3）获得的条带单一，克服了 RAPD 标记的不稳定和统计不便等缺点。因此，SCAR 标记技术已经成为转化 RAPD 标记的一种稳定可行的方法。

七、限制性位点扩增多态性

限制性位点扩增多态性（Restriction site amplification pol-ymor-phism，RSAP），杜晓华等（2004）利用 RsAP 建立了一种检测基因组上广泛分布的限制性酶切位点多态性的新型 DNA 分子标记系统。它的原理是采用 2 条长度均为 18 bp 的引物，引物的 5′ 端为 12 ～ 14 个碱基的随机序列，接着是 4 ～ 6 个碱基的限制性酶切位点序列，2 条引物采用不同的限制性位点和随机序列。PCR 扩增程序借鉴了 SRAP 技术，前 5 个循环采用较低的退火温度以保证扩增效率，随后 35 个循环采用较严谨的退火温度对已扩片段特异性扩增，以保证扩增产物的稳定。扩增产物从 6% 变性聚丙烯酰胺凝胶中分离。银染显色。RSAP 标记有以下 4 个优点。

（1）无须酶切，仅用一个简单的 PCR 反应即可实现对 DNA 限制性位点多态性进行检测，比以往基于限制性位点的标记技术操作更加简便。

（2）引物可以两两随机配对。加上步骤较少，一定程度上降低了成本。

（3）扩增的限制性位点散布于整个基因组区。

（4）具有中等产率、稳定可靠的特点和较广泛的适用性。

第四节　新技术在分子标记开发的应用

分子标记作为新的遗传标记，具有比形态标记、细胞标记和同工酶标记显著的优点，因此自分子标记诞生短短 20 多年间，已发展了许多种分子标记技术，并已被广泛应用于动植物遗传育种、连锁图谱构建、基因定位与克隆和物种鉴定等方面。

一、构建遗传图谱

遗传图谱是随着各类分子标记的发展而形成的现代育种观念，具有极其重要的意义，可用来定位和标记目的基因，揭示多基因性状的遗传基础，推动标记辅助育种在生产上的应用等。长期以来，各种植物的遗传图谱几乎都是根据诸如形态、生理和生化等常规标记来构建的，建成遗传图谱的植物种类很少，而且图谱分辨率大多很低，图距大，饱和度低，因而应用价值有限。DNA 分子标记用于遗传图谱构建是遗传学领域的重大进展之一。1980 年，Bostein 首次提出用 RFLP 作为遗传标记构建连锁图的设想。此后，RFLP 首先被应用于人类遗传学研究，并于 1987 年建成了人的第一张 RFLP 图谱，其饱和度远远超过了经典的图谱。近几十年来，各种分子标记技术如 RAPD、SCAR、SSR、AFLP、SNP 等都有成功用于农作物或林木遗传图谱构建的实例，在 DNA 水平上直接呈现个体特异性的电泳图谱（徐丽芳等，2007），多种分子标记技术结合运用能得到密度更高，遗传距离更大的遗传图谱。分子指纹图谱应用于植物新品种的保护和测试、植物品种或杂交种纯度的鉴定等方面，具有很大的潜力（刘洪伟，2016）。

二、定位基因

基因定位即将具有某一表型性状的基因定位于分子标记连锁图中，包括对质量性状（如植物花色、叶形、高矮等，主要由单基因编码）和数量性状（如花期、抗逆性等，由连锁基因编码的基因定位。质量性状基因的定位有近等基因系（Near isoallele lines，NILs）和群分（Bulked segregation analysi，BSA）。数量性状基因（Quantitative trait locus，QTL）的定位主要有以标记为基础的分析法（MB 法）、以性状为基础的分析法（B 法）和区间作图法。同样，RFLP 和 RAPD、SCAR、SSR、ISSR、AFLP 等标记方法在基因定位中也取得了较大的进展。

通过对随机分布于整个基因组的分子标记的多态性进行比较，能够全面评估研究对象的多样性，并揭示其遗传本质。利用遗传多样性的结果可以对物种进行聚类分析，进而了解其系统发育与亲缘关系，确定亲本间的遗传距离，进而划分杂种优势。因此，分子标记技术已成为分子水平的遗传多样性和物种亲缘关系的有效工具。近年来，运用 RFLP、RAPD、AFLP、SSR、ISSR、SRAP 和 TRAP 标记进行遗传多样性和物种亲缘关系研究的实例越来越多。如张安世等（2017）利用 SRAP 标记技术对 18 份皂荚种质材料进行了遗传多样性分析。结果表明，从 64 对 SRAP 引物中筛选了 17 对引物进行 PCR 扩增，共扩增出 222 个条带，其中多态性条带 213 个，多态性比率为 95.95%。

三、种质鉴定和遗传背景的分析

种质资源是遗传育种的原材料，分子标记技术可以用来绘制作物品种、品系的指纹图谱，用以检测品种的差异。目前，各种分子标记技术在进行农作物及林木的种质鉴定方面取得了较大的成果。谢永波（2014）通过 AFLP 技术对 30 个枣树品种进行分析，一共扩增出 399 条带，其中多态性条带 314 条，多态性百分率 78.70%，可鉴别出所有供试品种。王珊珊等（2019）阐述了 AFLP 在粮油作物、蔬菜、水果、花卉及濒危作物种质资源鉴定和遗传多样性分析中的应用，以期为育种及资源保护提供理论基础及技术支持。

四、分子标记辅助选择育种

分子标记辅助选择育种（Molecular-marker assisted selection，MAS）通过分析与目标基因紧密连锁的分子标记来判断目标基因是否已存在，可在 DNA 水平上对育种材料进行选择，提高改良作物产量、品质和抗性等综合性状的效率，减少育种过程中的盲目性。随着各种作物遗传图谱的日趋饱和，以及与各种作物重要性状连锁的标的发现，已有文献报道 MAS 成功应用于育种实践的实例，特别是在抗病、抗虫育种中表现显著。关淑艳等（2018）综述了分子标记辅助选择（MAS）在玉米抗病、抗虫、抗旱、抗涝、抗寒、抗盐碱、抗倒伏育种中的应用。刘维等（2017）利用分子标记辅助选择（MAS）技术和系谱选育方法，聚合 4 个外源基因以改良粤恢 826 的抗病性和米质，并进行稻瘟病和白叶枯病抗性及米质鉴定。

五、其他应用

基于上述分子标记技术在构建遗传图谱、物种遗传多样性和亲缘关系等方面的研究，分子标记技术还可有很多其他方面的应用，如系统进化发育、性别鉴定、基因克隆等。EST 标记还可用于构建转录图谱、寻找新的基因、研究基因在不同组织中的表达差异、促进基因芯片的发展。尽管分子标记有许多优势，但目前发现的任何一种分子标记均不能满足作为理想的遗传标记的所有要求，但可以预见，在不久的将来，分子标记技术会产生深远的影响。

参考文献

白玉, 2007. DNA 分子标记技术及其应用 [J]. 安徽农业科学, 15 (11): 206-211.

陈豪军, 李和帅, 周全光, 等, 2011. 广西、广东椰子种质资源调查 [J]. 中国热带农业 (6): 48-50.

陈灵芝, 张建农, 王兰兰, 等, 2011. 利用 SCAR 标记鉴定'陇椒 5 号'辣椒种子的纯度 [J]. 甘肃农业大学学报, 46 (1): 55-57.

杜晓华, 王得元, 巩振辉, 等, 2004. 目标区域扩增多态性 (TRAP): 一种新的植物基因型标记技术 [J]. 分子植物育种, 2 (5): 747-750.

傅小霞, 漆智平, 何华玄, 等, 2004. 柱花草单粒种子 DNA 提取和 RAPD 扩增 [J]. 热点农业科学, 24 (3): 28-30.

关淑艳, 费建博, 刘智博, 等, 2018. 分子标记辅助选择 (MAS) 在玉米抗逆育种中的应用 [J]. 吉林农业大学学报, 40 (4): 399-407.

郭红, 2002. 中国野生大麦种质资源分子生物学研究 [D]. 成都 : 四川大学 .

郭燕, 刘声传, 曹雨, 等, 2016. 基于 SSR 标记贵州古茶树资源的遗传多样性分析及指纹图谱构建 [J]. 西南农业学报, 29 (3): 491-497.

贺淹才, 2008. 基因工程概论 [M]. 北京 : 清华大学出版社 .

胡元森, 吴坤, 李翠香, 等, 2007. 黄瓜连作对土壤微生物区系影响Ⅱ——基于 DGGE 方法对微生物种群的变化分析 [J]. 中国农业科学, 40 (10): 104-108.

黄光文, 2006. 运用分子标记对水稻遗传多样性的研究 [D]. 长沙 : 湖南农业大学 .

黄威, 汪莉, 易平, 等, 2006. 细胞质雄性不育水稻线粒体基因组的 RFLP 分析 [J]. 遗传学报, 33 (4): 330-338.

林郑和, 陈常颂, 陈荣冰, 2006. 我国 39 个茶树品种的 RAPD 分析 [J]. 分子植

物育种 , 4 (5): 695-701.

刘冬芝 , 2010. 济南大酸枣与枣和酸枣亲缘关系的研究 [D]. 济南 : 山东师范大学 .

刘洪伟 , 2016. 茶树 gSSR 分子指纹开发及其在商品茶品种鉴别中的应用 [D]. 合肥 : 安徽农业大学 .

刘仁虎 , 孟金陵 , 2006. RFLP 和 AFLP 分析白菜型油菜和甘蓝型油菜遗传多样性及其在油菜改良中的应用价值 [J]. 遗传学报 , 33 (9): 814-823.

刘维 , 何秀英 , 廖耀平 , 等 , 2017. 利用分子标记辅助选择育种 (MAS) 技术改良水稻恢复系粤恢 826 [J]. 南方农业学报 (10): 1748-1754.

陆才瑞 , 喻树迅 , 于霁雯 , 等 , 2008. 功能型分子标记 (ISAP) 的开发及评价 [J]. 遗传 , 30 (9): 1207-1216.

卢孟柱 , 王晓茹 , 2000. PCR-SSCP 用下针叶树种遗传分析的可行性 [J]. 林业科学研究 , 13 (4): 349-354.

罗光佐 , 施季森 , 尹佟明 , 等 , 2000. 利用 RAPD 标记分析北美鹅掌楸与鹅掌楸种间遗传多样性 [J]. 植物资源与环境学报 , 9 (2): 9-13.

罗意 , 黄绵佳 , 范海阔 , 等 , 2012. 椰子 SSR 标记的开发 [J]. 广东农业科学 , 39 (23): 139-141.

罗楠 , 2011. 枇杷属植物亲缘关系及遗传多样性研究 [D]. 成都 : 四川农业大学 .

柳晓磊 , 2008. 海南椰子遗传多样性研究 [D]. 海口 : 海南大学 .

祁建民 , 周东新 , 吴为人 , 等 , 2003. 应用 RAPD 指纹探讨黄麻属种间遗传多样性及其亲缘关系 [J]. 植物遗传学 , 30 (10): 926-931.

亓晓莉 , 彭德良 , 彭焕 , 等 , 2012. 基于 SCAR 标记的小麦禾谷孢囊线虫快速分子检测技术 [J]. 中国农业科学 , 45 (21): 4388-4395

邱源 , 韩华柏 , 李俊强 等 , 2008. 23 个油橄榄品种的 RAPD 分析 [J]. 林业科学 , 44 (1): 85-89.

茹文明 , 秦永燕 , 张桂萍 , 等 , 2008. 濒危植物南方红豆杉遗传多样性的 RAPD 分析 [J]. 植物研究 , 28 (6): 698-704.

宋丛文，包满珠，2005. 珙桐种质资源保存样本策略的研究 [J]. 植物生态学报，29 (3): 422-428.

宋常美，文晓鹏，2011. 贵州樱桃种质资源遗传多样性的分子评价 [J]. 贵州农业科学，39 (8): 11-14.

苏群，杨亚涵，田敏，等，2020. 睡莲种质资源遗传多样性分析及 DNA 指纹图谱构建 [J]. 热带作物学报，41 (2): 258-266.

王丹丹，2018. 基于 SRAP 和 TRAP 标记的新疆 10 种野生葱蒜的遗传多样性 [D]. 乌鲁木齐：新疆农业大学 .

汪小全，邹喻苹，张大明，等，1996. 银杉遗传多样性的 RAPD 分析 [J]. 中国科学 (C 辑), (26)5: 436-441.

王凌云，杨梦飞，李怡鹏，2019. 基于 ISSR 技术的茭白种质资源遗传多样性 [J]. 浙江农业科学，60 (5): 732-735.

王凌晖，曹福亮，汪贵斌，等，2019. 何首乌野生种质资源的 RAPD 指纹图谱构建 [J]. 南京林业大学学报 (自然科学版), 4 (7): 145-149.

王珊珊，刘小娇，靳玉龙，等，2019. AFLP 在植物种质资源鉴定与遗传多样性分析中的应用 [J]. 现代农业科技 (4): 26-27.

王志刚，2005. 利用分子标记进行草莓品种鉴定的研究 [D]. 沈阳：沈阳农业大学 .

文景芝，李刚，张齐凤，等，2007. 施肥对大棚黄瓜根际微生物群落结构和数量消长的影响 [J]. 中国蔬菜 (12): 11-14.

魏育明，颜泽洪，吴卫，等，2005. 新疆布顿大麦 (*Hordeum bogdanii* Wilensky) 线粒体 DNA 的 STS 分析 [J]. 麦类作物学报，25 (3): 1-6.

吴凤芝，李敏，曹鹏，等，2014. 小麦根系分泌物对黄瓜生长及土壤真菌群落结构的影响 [J]. 应用生态学报，25 (10): 2861-2867.

吴学谦，李海波，魏海龙，等，2005. SCAR 分子标记技术在香菇菌株鉴定上的应用研究 [J]. 菌物学报，24 (2): 259-266.

吴晓雷，贺超英，王永军，等，2001. 大豆遗传图谱的构建和分析 [J]. 遗传学报，

28 (11): 1051-1061.

肖冬来，陈丽华，陈宇航，等，2013. 利用变性梯度凝胶电泳分析正红菇菌根围土壤真菌群落多样性 [J]. 热带作物学报，34 (12): 2508-2512.

谢晓兵，于霁雯，吴嫚，2011. 棉花油分合成相关基因的 SSCP 标记开发 [J]. 分子植物育种，9 (3): 336-342.

谢永波，2014. 枣树种质资源形态学评价及品种 AFLP 鉴定 [D]. 济南：山东农业大学.

熊发前，蒋菁，钟瑞春，等，2010. 分子标记技术的两种新分类思路及目标分子标记技术的提出 [J]. 中国农学通报，26 (10): 60-64.

熊发前，唐荣华，陈忠良，等，2009. 目标起始密码子多态性 (SCoT): 种基丁翻译起始位点的目的基因标记新技术 [J]. 分子植物育种，7 (3): 635-638.

许磊，王希东，张桦，等，2008. 鹰嘴豆的 RAPD 品种鉴定和聚类分析 [J]. 新疆农业大学学报，31 (1): 51-56.

杨明杰，曹佳，1998. 多彩色荧光原位杂交技术原理及其应用 [J]. 生物化学与生物物理进展，25 (4): 333-337.

杨芬，曹跃芬，代华琴，等，2016. PCR-SSCP 技术与比较基因组学结合定位棉花 Li1 基因 [J]. 农业生物技术学报，24 (4): 613-624.

杨燕，王晓丽，刘世鑫，等，2013. 利用 STS 标记检测我国小麦推广品种的抗穗发芽基因型 [J]. 华北农业学报 (3): 183-188.

余桂红，唐克轩，鸿翔，等，2007. 凝胶组成对小麦 SSCP 技术的影响 [J]. 江苏农业学报，23 (5): 391-395.

余立辉，张楚英，梁红，2019. 32 个银杏品种的 RAPD 遗传多态性及其分类 [J]. 仲恺农业技术学院学报，20 (2): 1-6.

于拴仓，王永建，郑晓鹰，2015. 大白菜分子遗传图谱的构建与分析 [J]. 中国农业科学，36 (2): 190-195.

张俊杰，郭晨，彭姗姗，等，2020. 7 个福建茶树品种的遗传多样性分析及其分子指纹图谱构建 [J]. 轻工学报，35 (3): 19-27.

徐丽芳，陈吉炎，罗光明，2007. 分子标记技术及其在植物育种中的应用 [J]. 食品与药品，9 (10): 43

张安世，张素敏，范定臣，2017. 皂荚种质资源 SRAP 遗传多样性分析及指纹图谱的构建 [J]. 浙江农业学报，29 (9): 1524 - 1530.

张海英，葛风伟，王永建，等，2017. 黄瓜分子遗传图谱的构建 [J]. 园艺学报，31 (5): 617-622.

张明阳，单海燕，徐冬冬，等，2011. PCR-SSCP 技术分析线粒体 DNA 多态性及其法医学应用 [J]. 中国医科大学学报，40 (4): 334-336.

张晓科，夏先春，何中虎，等，2006. 用 STS 标记检测春化基因 Vrn-A1 在中国小麦中的分布 [J]. 作物学报 (7): 1038-1043.

张维，方源，沈火林，等，2012. 辣椒抗南方根结线虫基因的定位及标记辅助选择 [J]. 中国农业大学学报 (2): 102-107.

张雪蕊，2018. 麻城早熟油茶种质的 SRAP 分析及无性系的离体培养研究 [D]. 武汉：华中农业大学.

郑道君，2007. 中国木犀科苦丁茶种质资源的 RAPD 和 ISSR 分析 [D]. 海口：海南大学.

郑靓，张正圣，陈利，等，2008. IT-ISJ 标记及其在陆地棉遗传图谱构建中的应用 [J]. 中国农业科学，41 (8): 2241-2248.

周涛，谢宇，魏升华，等，2013. 基于 SCAR 分子标记的头花蓼分子鉴定研究 [J]. 中国中药杂志，38 (16): 2577-2580.

Andersen J R, Lübberstedt T, 2003. Functional markers in plants [J].Trends Plant Sci (8): 554-560.

Aubert G, Morin J, Jacquin F, et al., 2006. Functional mapping in pea, as an aid to the candidate gene selection and for investigating synteny with the model legume Medicago truncatula [J]. Theor Appl Genet (112): 1024-1041.

Brunel D, Froger N, Pelletier G, 1999. Development of amplified consensus genetic markers (ACGM) in Brassica napus from Arabidopsis thaliana sequences of known biological function [J].Genome, 42 (3): 387-402.

Chatzivassiliou E K, Licciardello G, 2019. Assessment of Genetic Variability of Citrus tristeza virus by SSCP and CE-SSCP [J]. Methods Mol Biol (2015): 79-104.

Chen X M, Line R F, Leung H, 1998. Genome scanning for resistance-gene analogs in rice, barley, and wheat by high resolution electrophoresis [J]. Theor Appl Genet, 97 (3): 345-355.

Collard B C Y, Mackill D J, 2009a. Start codon targeted (SCoT) polymorphism: a simple, novel DNA marker technique forgenerating gene-targeted markers in plants [J].Plant Mol Biol Rep, 27 (1): 86-93.

Collard BCY, Mackill D J, 2009b. Conserved DNA-Derived Polymorphism (CDDP): A Simple and Novel Method for Generating DNA Markers in Plants [J]. Plant Mol Biol Rep, 27 (4): 558-562.

Dar S A, Kuenen J G, Muyzer G, 2005. Nested PCR-denaturing gradient gel electrophoresis approach to determine the diversity of sulfate-reducing bacteria in complex microbial communities [J]. Appl Environ Microbiol (71): 2325-2330.

Donis-Keller H, Green P, Helms C, et al., 1987. A genetic linkage map of the human genome [J]. Cell (51): 319-337.

Franz M, Ilka H, Annika G, et al., 2012. Use of polymorphisms in the γ-gliadin gene of spelt and wheat as a tool for authenticity control [J]. J Agric Food Chem, 60 (6): 1350-1357.

Fulton T M, Van der Hoeven R, Eannetta N T, et al., 2002. Identification, analysis, and utilization of conserved ortholog set markers for comparative genomics in higher plants [J]. Plant Cell (14): 1457-1467.

Hayes A J, Saghai Maroof M A, 2000.Targeted resistance gene mapping in soybean using modified AFLPs [J]. Theor Appl Genet (100): 1279-1283.

Henry Robert J, 2012. Molecular Markers in Plants [M]. New Jersey: Wiley-Black well.

Hu D, Zhang P, Sun Y L, et al., 2014. Genetic relationship in mulberry (*Morus* L.) inferred through PCR-RFLP and trnD-trnT sequence data of chloroplast DNA [J]. Biotechnol Biotechnol Equip, 28 (3): 425-430.

Hu J, Vick B A, 2003. Target region amplification polymorphism: a novel marker technique for plant genotyping [J]. Plant Mol Bio Rep (21): 289-294.

Kishitani S, Shirasawa K, Nishio T, 2004. Single nucleotide polymorphisms in randomly selected genes among japonica rice (*Oryza sativa* L.) varieties identified by PCR-RF-SSCP [J]. DNA research, 11 (4): 275-283.

Li B Y, Yao Q, Zhu H H, 2014. Approach to analyze the diversity of myxobacteria in soil by semi-nested PCR-denaturing gradient gel electrophoresis (DGGE) based on taxon-specific gene [J].Plos One, 9 (10): e108877.

Li G, Quiros C F, 2001. Sequence-related amplified polymorphism (SRAP), a new marker system based on a simple PCR reaction: its application to mapping and gene tagging in Brassica [J]. Theor Appl Genet (103): 455-461.

Liu C X, Lin Z X, Zhang X L, 2012. Unbiased genomic distribution of genes related to cell morphogenesis in cotton by chromosome mapping [J]. Plant Cell Tiss Organ Cult (108): 529-534.

Liu H D, Zhao Z G, Du D Z, et al., 2016. Production and genetic analysis of resynthesized Brassica napus from a B. rapa landrace from the Qinghai-Tibet Plateau and B. alboglabra [J]. Genet Mol Res, 15 (1): 4238-4252.

Liu X Y, Cheng J L, Mei Z Q, 2020. SCAR marker for identification and discrimination of specific medicinal Lycium chinense Miller from Lycium species from ramp-PCR RAPD fragments [J]. 3 Biotech , 10 (8): 334.

Muyzer G, Dewaal E C, Uitterlinden A G , 1993.Profiling of complex microbial-populations by denaturing gradient gel-electrophoresis analysis of polymerase chain reaction-amplified genes-coding for 16S ribosomal-RNA [J]. Appl Environ Microbiol (59): 695-700.

Muyzer G, Smalla K, 1998. Application of denaturing gradient gel electrophoresis (DGGE)and temperature gradient gel electrophoresis (TGGE)in microbial ecology [J]. Antonie Van Leeuwenhoek (73): 127-141.

Orita M, Suzuki Y, Sekiya T, et al., 1989. Rapid and sensitive detection of point mutations and DNA polymorphisms using the polymerase chain reaction [J]. Genomics, 5 (4): 874-879.

Orita M, Iwahana H, Kanazawa H, 1989. Detection of polymorphisrrr of human DNA by gel electrophoresis as single-strand conformation polymorphisms [J]. Proc Nail Acad Sci USA (86): 2766-2770.

Pang M X, Percy R G, Hughs E, et al., 2009. Promoter anchored amplified polymorphism based on random amplified polymorphic DNA (PAAP-RAPD)in cotton [J]. Euphytica, 167 (3): 281-291.

Piggott M P, Banks S C, Beheregaray L B, 2006. Use of SSCP to improve the efficiency of microsatellite identification from microsatellite enriched libraries [J]. Mol Ecol Notes (6): 613-615.

Poyraz I, 2016. Comparison of ITS, RAPD and ISSR from DNA-based genetic diversity techniques [J]. C R Biol, 339 (5): 171-178.

Rafalski A, Wisniewska I, Gawel M, 1998. PCR-based system forevaluation of genetic relationship among inbred lines of maize andrye [J]. J Appl Genet (39A): 90.

Sato Y, Nishio T, 2003. Mutation detection in rice waxy mutants by PCR-RF-SSCP [J]. Theor Appl Genet (107): 560-567.

Silva K R, Salles J F, Seldin L, et al., 2003. Application of a novel *Paenibacillus*-specific PCR-DGGE method and sequence analysis to assess the diversity of *Paenibacillus* spp. in the maize rhizosphere [J]. J Microbiol Methods, 54 (2): 213-231.

Van der Linden C G, Wouters DCAE, Mihalka V, et al., 2004. Efficient targeting of plant disease resistance loci using NBS profiling [J]. Theor Appl Genet (109): 384-393.

Van Tienderen P H, De Haan A A, Van der Linden C G, et al., 2002. Biodiversity assessment using markers for ecologically important traits [J]. Trends Ecol Evol (17): 577-582.

Wang Q H, Zhang B L, Lu Q S, 2009. Conserved region amplification polymorphism (CoRAP), a novel marker technique for plant genotyping in Salvia miltiorrhi [J]. Plant Mol Bio Rep, 27 (2): 139-143.

Wang X S, Zhao X Q, Zhu J, et al., 2005. Genome-wide investigation of intron length polymorphisms and their potential as molecular markers in rice (*Oryza sativa* L.) [J]. DNA Res (12): 417-427.

Yang L, Jin G L, Zhao X Q, et al., 2007. PIP: a database of potential intron polymorphism markers [J]. Bioinformatics (23): 2174-2177.

Zhang M, Rong Y, Lee M K, et al., 2015. Phylogenetic analysis of Gossypium L. using restriction fragment length polymorphism of repeated sequences [J]. Molecular Genetics Genomics (290): 1859-1872.

第四章　分子标记的应用

第一节　遗传标记在植物遗传学研究中的应用

遗传标记（Genetic Markers）是指可追踪染色体、染色体某一节段、某个基因座在家系中传递的任何一种遗传特性。它是基因型特殊的、易于识别的表现形式，一般都具有较强的可遗传性和可识别性、共显性、不影响重要的农艺性状和廉价、方便、易于观察及记载等优点。因此，生物的任何有差异表型的基因突变均可作为遗传标记。自从19世纪中期奥地利学者孟德尔将形态学性状作为遗传标记的应用先例以来，遗传标记得到了快速的发展和丰富，从遗传学的建立到现在，遗传标记的发展主要包括形态学标记（Morphological markers）、细胞学标记（Cytological markers）、生物化学标记（Biochemical markers）、免疫学标记（Immune genetic markers）和分子标记（Molecular markers）5种类型。

遗传标记随遗传学和科技的发展而发展，其总的发展趋势为由低级到高级、由间接到直接、由粗略到精确。形态学标记、细胞学标记、生物化学标记及免疫学标记均为以基因表达结果为基础，是对基因的间接反映，第5种标记是DNA水平遗传变异的反映，是对基因的直接反应。5种遗传标记各有其特点，所以在遗传学研究与应用中要注意使其既发挥各自独特作用又使其互相配合发挥更大的协同作用。

一、遗传相似分析

遗传标记的构建和遗传学的快速发展有利于遗传相似分析和物种群体结构及亲缘关系的研究，为探索物种起源、优良种质资源的收集、保存、鉴定评价及育种奠定基础。遗传距离的估算对于选择具有相当遗传差异的亲本配组及其在作物杂交育种中均具有重要的指导意义。

传统的遗传相似性分析是通过系谱或者通过农艺性状的表型数据来预测的，通过系谱的预测结果往往会因扩大而不真实。通过表现型的预测，如果观测的样本群体足够大而且所观测的性状在群体间无显著性差异，则观测结果具有一定的代表性。然而，品种的表型容易受环境的影响，观察某一品种的性状，应从种植到成熟连续观测。

遗传标记与形态学标记相比，不受外部环境的影响，能反映品种在 DNA 水平上的差异，为品种识别提供了更加直接、可靠且有效的工具，现已经被证明是用来遗传相似分析及阐述物种间遗传关系的最有效工具之一。

目前，多种分子标记技术被应用于评估作物的遗传相似分析，如限制性片段长度多态性标记（Restriction fragment length polymorphism，RFLP）、随机扩增多态 DNA 标记（Random amplified polymorphic DNA，RAPD）、扩增片段长度多态性标记、简单序列重复标记（simple sequence repeats，SSR）、内部简单序列重复标记（Inter-simple sequence repeats，ISSRs）及单核苷酸多态性标记（Single nucleotide polymorphism，SNP）等被广泛应用于作物种质资源的遗传相似分析、群体结构及亲缘关系研究。

二、遗传标记间相关性

遗传标记原用于遗传作图，确定基因在染色体上的顺序。1913

年，Alfred H. Sturtevant 使用六个形态学标记构建了第一个果蝇遗传图谱。1923 年，Karl Sax 发现菜豆数量性状（种子颜色和大小）和数量性状位点之间的遗传连锁。从此，遗传标记由形态学标记发展到同工酶又到 DNA 分子标记。

DNA 分子标记是指能反映生物个体或种群间基因组中某种差异特征的 DNA 片段，它能够直接反映基因组 DNA 间的差异。前人在鉴定温度敏感表型的腺病毒 DNA 突变体时，利用经限制性内切酶酶切后得到的 DNA 片段差异，首创了 DNA 分子标记，即第一代 DNA 分子标记——限制性片段长度多态性标记（Restriction fragment length polymorphism，RFLP）。1980 年，Botstein 等发现 RFLP 标记技术是构建遗传连锁图的好方法。1983 年，Soller 和 Beckman 最先把 RFLP 应用于品种鉴别和品系纯度的测定。从此，RFLP 标记技术应用于诸多植物完整遗传图谱的构建，DNA 分子标记也随之迅速发展。1982 年，Hamade 发现了第二代 DNA 分子标记——简单序列重复标记（Simple sequence repeat，SSR）。1990 年，Williams 和 Welsh 等发明了随机扩增多态性 DNA 标记（Randomly amplified polymorphic DNA，RAPD）和任意引物 PCR（Arbitrary primer PCR，AP-PCR）。1991 年，Adams 等人建立了一种相对简便和快速鉴定大批基因表达的技术——表达序列标签（Expressed sequence tag，EST）标记技术。1993 年，Zabeau 和 Vos 发明了扩展片段长度多态性标记（Amplified fragment length polymorphism，AFLP）。1994 年，简单重复间序列标记（Inter-simple sequence repeat，ISSR）问世。1995 年，Velculescu 等发明了基因表达系列分析技术（Serial analysis of gene expression，SAGE）。1998 年，在人类基因组计划的实施过程中，第三代分子标记——单核苷酸多态性（Single nuleotide polymerphis m，SNP）标记诞生了。2001 年，美国加州大学蔬菜系的 Li 和 Quiros 博士提出了基于聚合酶链反应（Rolymerase chain reaction，PCR ）的相关序列扩增多态性（Sequence related amplified poly morphism，SRAP） 标 记。2003 年，美国农业部北方作物科学实验室的 Hu 和 Vick 又提出了基于 PCR 的靶位区域扩增多态性（Target region amplified polymorphism，TRAP）。目前，DNA 分子标记已经发展到几十种。

利用遗传分子标记技术进行科学研究时，科研工作者首先要根据自己所要解决的问题和所要研究的生物类群的遗传背景来选择理想的分子标记，严格来说，理想的遗传标记必须达到以下 9 个要求：① 具有高度的多态性。② 共显性遗传，即利用分子标记可鉴别二倍体中杂合基因型和纯合基因型。③ 能够明确辨别等位基因。④ 分布于整个基因组中。⑤ 除特殊位点的标记外，要求分子标记均匀分布于整个基因组。⑥ 选择中性（即无基因多效性）。⑦ 检测手段简单、快速（如实验程序易自动化）。⑧ 开发成本和使用成本尽量低廉。⑨ 在实验室内和实验室间重复性好（便于数据交换）。

目前发现的分子标记均不能满足以上所有要求。遗传标记虽然不能满足理想的分子标记所需的上述 9 项要求，但是与形态学标记、细胞学标记、生物化学标记及免疫学标记相比，它仍具有许多优越性。具体表现如下。

（1）直接以 DNA 的形式表现，在生物体的各个组织、各个发育阶段均可检测到，不受季节和环境的限制，不存在表达与否等问题。

（2）数量极多，遍布整个基因组，可检测的基因座位几乎是无限的。

（3）多态性丰富，自然界存在许多等位变异，无需人为创造。

（4）表现为中性，不影响目标性状的表达。

（5）许多标记具有共显性的特点，能区别纯合体和杂合体。

DNA 分子标记的这些特性，奠定了它具有广泛应用性的基础。

不同的 DNA 分子标记既具有上述一些共同特性又具有其各自独特的技术特点。表 4-1 比较了几种常用的分子标记的特点。

三、群体的遗传结构分析

植物种群的空间分布大致分为两类：离散分布和连续分布，而隐藏在这种表观分布内部的遗传变异是十分复杂的，应用遗传标记基本原理，采用数学、生物学统计及其他方法，研究生物群体遗传结构及其在世代间变化的规律，深刻认识一个种的群体结构及遗传多样性有助于我们理解该种的进化过程，并提供为遗传资源保护做出决策的重要信息。

遗传标记技术在植物分类、进化和遗传结构多样性方面的应用成果相当多。例如 Xiao 等（2014）开发并利用 SSR 分子标记分析油棕种质资源的遗传多样性及群体结构。詹永发等（2015）采用形态学和 SSR 标记聚类分析法将贵州 97 个辣椒种质资源分为 5 大类群，为进一步发掘和利用当地丰富的辣椒品种资源提供了参考依据。陈熙等（2016）利用 40 对 SRAP 引物分析了 50 个陕西茶树资源的遗传多样性，发现材料间的遗传多样性处于较高水平。廖柏勇等（2016）开发了 20 对 SRAP 引物，并分析了来自 17 个省（区）的 31 个苦楝种源的遗传多样性，发现苦楝遗传变异主要来源于种源内，而种源间基因交流有限，种源遗传多样性整体偏低，而部分山区种源遗传多样性较高。张景云等（2017）开发了 14 对 SSR 和 33 对 SRAP 多态性引物，综合运用两种分子标记对 46 份苦瓜种质遗传多样性进行分析和评价，将供试苦瓜材料分为 4 大类群，遗传多样性丰富，为苦瓜分子育种提供支撑。周丽霞等（2017）采用 SSR 分子标记探讨新引进的 8 个油棕品种的遗传多样性。刘荣等（2019）开发了 17 对 SRAP 多态性引物，并对贵州 13 份杧果种质资源的遗传多样性进行分析，结果表明 13 份杧果种质资源存

表 4-1　常用分子标记技术特性的比较

标记类型	SSR	SNP	Indel	EST	AFLP	VNTR	ISSR	RAPD	RFLP
DNA 用量	50 ～ 120 ng	>50 ng	50 ng	1 ～ 100 ng	1 ～ 100 ng	5 ～ 10 ng	25 ～ 50 ng	1 ～ 100 ng	5 ～ 10 ng
DNA 质量	中等	高	高	高	高	高	低	低	高
基因组分布	整个基因组	整个基因组	整个基因组	功能基因区	整个基因组	整个基因组	整个基因组	整个基因组	低拷贝编码序列
可检测基因座位数	多数为 1	2	2	2	20 ～ 200	10 ～ 100	1 ～ 10	1 ～ 10	1 ～ 3
遗传特点	共显性	共显性	共显性	共显性	显性 / 共显性	共显性	显性 / 共显性	多数共显性	共显性
多态性	高	高	低	高	较高	较高	较高	较高	中等
引物探针类型	14 ～ 16 bp 特异引物	AS-PCR 引物	22 ～ 25 bp 特异引物	24 bp 寡聚核苷酸引	16 ～ 20 bp 特异引物	DNA 短片段	16 ～ 18 bp 特异引物	9 ～ 10 bp 随机引物	基因组 DNA
技术难度	低	高	低	高	中等	中等	低	低	高
同位素使用	不可用	不用	不用	不用	常用	常用	不用	不用	常用
可靠性	高	高	高	高	高	高	高	低 / 中等	高
所用时间	少	多	少	多	中等	多	少	少	多
实验成本	中等	高	中等	高	较高	高	较低	较低	高

在丰富的遗传多样性，多态性比率为82.61%，遗传相似系数在0.602～0.820。聚类分析表明，Mi-8与桂热杧82号的亲缘关系较近，Mi-9与红杧6号的亲缘关系较近。王同华等（2020）应用RAPD和ISSR标记分析源于湖南省各地36份古老饭豆地方品种的遗传多样性，发现饭豆存在明显的地域特征。

四、数量性状的遗传定位

随着现代分子生物学的发展和分子标记技术的成熟，已经可以构建各种作物的分子标记连锁图谱。基于作物的分子标记连锁图谱，采用近年来发展的数量性状基因位点（QTL）的定位分析方法，可以估算数量性状的基因位点数目、位置和遗传效应。下面将介绍部分常用的QTL定位（QTL mapping）分析方法，每一种方法都有各自的优点，同时也存在相应的局限性。数量遗传分析的某个QTL只是一个统计的参数，它代表染色体（或连锁群）上影响数量性状表现的某个片段，它的范围可以超过10 cM，（图距通常以厘摩cM作单位，它在连续的染色体片段上是累加的）在这个区段内可能会有一个甚至多个基因。

数量性状QTL定位的基础是需要有分子标记连锁图谱。具有多态性的分子标记并不是基因，对所分析的数量性状不存在遗传效应。如果分子标记覆盖整个基因组，控制数量性状的基因（Q_i）两侧会有相连锁的分子标记（M_{i-}和M_{i+}）。这些与数量性状基因紧密连锁的分子标记将表现不同程度的遗传效应。分析这些表现遗传效应的分子标记，就可以推断与分子标记相连锁的数量性状基因位置和效应。根据分析分子标记的方法不同，可将QTL定位分析方法分为单标记分析法、区间作图法和复合区间作图法3大类。

1. 单标记分析法

单标记分析法是通过方差分析、回归分析或似然比检验，比较单个标记基因型（MM、Mm、mm）数量性状均值的差异，来说明控制该数量性状的 QTL 与标记有连锁。单标记分析法假定，数量性状的表型变异受分子标记的遗传效应（G_M，固定效应）和残差机误（随机效应）控制，遗传模型是 $P=\mu+G_M+e$。由于单一标记分析法不需要完整的分子标记连锁图谱，因而早期的 QTL 定位研究多采用这种方法。

单个标记分析方法存在许多缺点：① 不能确定标记是与一个或多个 QTL 连锁。② 不能无偏估计 QTL 的位置和遗传效应。③ 检测效率不高，所需的个体数较多。

2. 区间作图法

区间作图法假定数量性状的表型变异受一对基因的遗传效应（G_Q，固定效应）和残差机误（随机效应）控制，遗传模型是 $P=\mu+G_Q+e$。在这个模型中，遗传效应就是 QTL 效应，区间作图法以正态混合分布的最大似然函数和简单回归模型，借助于完整的分子标记连锁图谱，计算基因组的任一相邻标记（M_{i-} 和 M_{i+}）之间存在和不存在 QTL（Q_i）的似然函数比值的对数（LOD 值）。根据整个染色体上各点处的 LOD 值可以描绘出一个 QTL 在该染色体上存在与否的似然图谱。当 LOD 值超过某一给定的临界值时，QTL 的可能位置可用 LOD 支持区间表示出来，QTL 的效应则由回归系数估计值推断。

与传统的单标记分析法相比，区间作图法有其明显的优点：① 如果一条染色体上只有一个 QTL，可以无偏估计 QTL 的位置和效应。② 检测效率较高，可以减少 QTL 检测所需的个体数。

区间作图法仍存在许多问题：① 如果一条染色体上有多个 QTL，与检测区间连锁的 QTL 会影响检验结果，使估算的 QTL 位置和效应出现偏差。② 每次检验仅用两个标记，未充分利用其他标记的信息。

3. 复合区间作图法

为了解决区间作图法存在的问题，前人提出了把多元线性回归与区间作图结合起来的复合区间作图方法。该方法的要点是，对某一特定标记区间进行检测时，将与其他 QTL 连锁的标记也拟合在模型中以控制背景遗传效应，复合区间作图法的遗传假定是，数量性状的表现型变异受被搜索的一对基因的遗传效应（G_Q，固定效应）和与其他 QTL 连锁的分子标记遗传效应（G_M，固定效应）以及残差机误（随机效应）控制，遗传模型是 $P=\mu+G_Q+G_M+e$。在这个模型中，遗传效应包括 QTL 效应和分子标记效应。采用类似于区间作图的方法，可获得各参数的最大似然估计值，计算似然比，绘制各染色体的似然图谱，根据似然比统计量的显著性，推断 QTL 的位置。QTL 的效应则可由回归系数的最大似然估计值推断。

复合区间作图法的主要优点是：① 假如不存在上位性和 QTL 与环境互作，QTL 的位置和效应的估计是渐近无偏的。②充分利用了整个基因组的标记信息，在较大程度上控制了背景遗传效应，提高了作图的精度和效率。

复合区间作图法存在的主要问题是：① 不能分析上位性及 QTL 与环境互作等复杂的遗传效应。② 需要为检验的区间开辟一个窗口，但不易确定适合的窗口大小，过小，检验的效率会降低；过大，与检验区间连锁的 QTL 又会使 QTL 位置和效应的估计产生偏差。

五、全基因组的关联分析

全基因组关联分析（Genome-wide association study，GWAS）是应用基因组中数以百万计的单核苷酸多态性（Single nucleotide polymorphism，SNP）为分子遗传标记，进行全基因组水平上的对照分析或相关性分析，通过比较发现影响复杂性状的基因变异的一种新策略。

随着基因组学研究以及基因芯片技术的发展，人们已通过GWAS方法发现并鉴定了大量与复杂性状相关联的遗传变异。近年来，这种方法在农作物重要经济性状主效基因的筛查和鉴定中得到了应用。植物重要经济性状GWAS分析方法的原理是借助于SNP分子遗传标记，进行总体关联分析，在全基因组范围内选择遗传变异进行基因分型，比较异常和对照组之间每个遗传变异及其频率的差异，统计分析每个变异与目标性状之间的关联性大小，选出最相关的遗传变异进行验证，并根据验证结果最终确认其与目标性状之间的相关性。GWAS的具体研究方法与传统的候选基因法相类似。最早主要是用单阶法，即选择足够多的样本，一次性地在所有研究对象中对目标SNP进行基因分型，然后分析每个SNP与目标性状的关联，统计分析关联强度。

目前GWAS研究主要采用两阶段或多阶段方法。在第一阶段用覆盖全基因组范围的SNP进行对照分析，统计分析后筛选出较少数量的阳性SNP进行第二阶段或随后的多阶段中采用更大样本的对照样本群进行基因分型，然后结合两阶段或多阶段的结果进行分析。这种设计需要保证第一阶段筛选与目标性状相关SNP的敏感性和特异性，尽量减少分析的假阳性或假阴性，并在第二阶段应用大量样本群进行基因分型验证。虽然GWAS结果在很大程度上增加了对复杂性状分子遗传机制的理解，但也显现出很大的局限性。首先，通过统计分析遗传因素和复杂性状的关系，确定与特定复杂性状关联的功能性位点存在一定难度。通过GWAS发现的许多SNP位点并不影响蛋白质中的氨基酸，甚至许多SNP位点不在蛋白编码开放阅读框（Open reading frame，ORF）内，这为解释SNP位点与复杂性状之间的关系造成了困难。但是，由于复杂性状很大程度上是由数量性状的微效多基因决定的，SNP位点可能通过影响基因表达量对这些数量性状产生轻微的作用，它们在 RNA 的转录或翻译效率上发挥作用，可能在基因表达上产生短暂的或依赖时空的多种影响，刺激调节基因的转录表达或影响其 RNA 剪接方式。因此，在找寻相关变异时应同时注意到编码区和调控区位点变异的重要性。其次，等位基因结构（数量、类型、作用大小和易感性变异频率）在不同性状中可能具有不同的特征。

在 GWAS 研究后要确定一个基因型 - 表型因果关系还有许多困难，由于连锁不平衡的原因，相邻的 SNP 之间会有连锁现象发生。同样，在测序时同样存在连锁不平衡现象，而且即使测序的费用降到非常低的水平，要想如 GWAS 研究一般地获得大量样本的基因组数据还是非常困难的。但是，随着基因组研究和基因芯片技术的不断发展和完善，必将迎来 GWAS 的广泛应用。例如，通过采用 GWAS 法，Atwell 等（2010）报告了对自然出现的近交系拟南芥中的 107 种基因型所做的一项 GWA 研究。来自康奈尔大学、美国农业部农业研究服务局（USDA-ARS）和北卡罗来纳州立大学的研究人员组成的一个科研小组通过全基因组关联分析第一次在玉米基因组中鉴定了与玉米性状相关的遗传变异。

第二节 DNA 指纹图谱构建

一、DNA 指纹图谱的建立及发展

近百年来的研究认为，任何遗传分析都是以遗传标志为基础的，而任何一个遗传标志的价值又在于其变异性（即多态性）的大小。有关遗传多态性的研究对促进人类学、遗传学、免疫学和法医学的发展，以及对阐明某些疾病的发病机理乃至协助诊断等方面都起了十分重要的作用。但以往的研究都是利用各种外部表现型、生理缺陷型、同工酶、多态蛋白等作为遗传标志，用间接分析来推论相应的遗传基因。

20 世纪 70 年代末，限制性内切酶和重组体 DNA 技术的出现以及分子生物学的飞速发展，使人们对遗传标志的研究转向 DNA 分子本身。由于各种遗传信息都蕴藏在 DNA 分子上，生物个体间的差异在本质上是 DNA 分子的差异，因此 DNA 被认为是最可靠的遗传标志。某些 DNA 序列的差异可通过限制性酶切片段长度的改变来反映，此即限制性片段长度多态性（Restriction fragment length polymorphisms，RFLP），其产生是由于点突变、DNA 重排、插入或缺失引起的。随着对 RFLP 研究的深入，人们发现了基因组中最有变异性的一类序列——高变异 DNA 序列，使 DNA 遗传标志的发展和应用得到了一次飞跃。

1980 年，Wyman 和 White 描述了第一个多等位性的具有高度多态性的人类 DNA 标志。不久，在胰岛素基因（Insulingene）的 5′ 端区域、致癌基因（C-Haras I Oncogene）的 3′ 端分别发现了相同的高度可变的标志（Hypervariable marker）。在 α- 球蛋白（α-globin）基因群周围还发现了其他 3 个标志。1982 年，Bell 等证实：这些高度多态性区域串联着重复的短序列单位，重复单位数目的差异导致了这种高度的可变性，由于这些结构特征，人们称这些区域为小卫星（Minisatellite）或高度可变区域（Hypervariable）或可变数目的串联重复（Variable number of tandem repeats）。

1985 年，Jeffreys 等用肌红蛋白基因第一内含子中的串联重复序列（重复单位含 33 bp）作探针，从人的基因文库中筛选出 8 个含有串联重复序列（小卫星）的重组克隆。序列分析表明，这 8 个小卫星重复单位的长度和序列不完全相同，但都有相同的核心序列（Core sequence）即 GGCCAGGA/GGG。他们先后用两个多核心小卫星（Polycoreminisatellite）33.6 和 33.15 探针进行 southern 杂交，在低严谨条件下杂交得到了包含 10 多条带的杂交图谱，不同个体杂交图谱上带的位置就像人的指纹一样千差万别，Jeffrey 称之为 DNA 指纹（DNA fingerprint），又名遗传指纹（Genetic fingerprint）。

RFLP DNA 指纹分析技术由于方法繁杂、周期长、实验条件高等缺陷而无法大范围推广。1990 年，Williams 等首次报道了 AP-PCR 技术，从而使 DNA 指纹技术应用更加广泛。AP-PCR 技术是采用随意设计的 1 个或 2 个引物，对模板 DNA 进行 PCR 扩增，一般先是在低严格条件，即在高 Mg^{2+} 浓度（大于传统 PCR Mg^{2+} 浓度 1.5 mmol/L）、较低退火温度（36 ～ 50℃）下进行 1 ～ 6 个循环的 PCR 扩增，随后在严格条件下进行 PCR 扩增，产物经 2% 琼脂糖凝胶电泳或 6% 变性聚丙烯酰胺凝胶电泳分离，可得到 DNA 指纹图谱。其基本原理是：在低严格复性条件下，引物与模板 DNA 非完全互补序列形成错配，错配引物在 DNA 聚合酶作用下沿模板链延伸，合成新链，当在一定距离内模板 DNA 另一单链也发生引物错配时，即可对两错配引物间的 DNA 进行扩增。但是此种错配并非随机发生，引物和模板间，特别是在引物的 3′ 端必须存在一定的互补序列，即可产生不同的扩增片段或组合，通过 DNA 指纹图谱，可得到配对 DNA 样品中的差异片段，用于克隆、测序、染色体定位和基因片段的生物学功能研究。

二、DNA 指纹图谱实验原理

1984 年，英国莱斯特大学的遗传学家 Jefferys 及其合作者首次将分离的人源小卫星 DNA 用作基因探针，同人体核 DNA 的酶切片段杂交，获得了由多个位点上的等位基因组成的长度不等的杂交带图纹，这种图纹极少有两个人完全相同，故称为“DNA 指纹”，意思是它同人的指纹一样是每个人所特有的。DNA 指纹的图像在 X

呈一系列条纹，很像商品上的条形码。由于 DNA 指纹图谱具有高度的变异性和稳定的遗传性，且仍按简单的孟德尔方式遗传，成为目前最具吸引力的遗传标记。

1. DNA 指纹的特点

（1）高度的特异性。研究表明，两个随机个体具有相同 DNA 图形的概率仅 3×10^{-11}；如果同时用两种探针进行比较，两个个体完全相同的概率小于 5×10^{-19}。全世界人口约 50 亿，即 5×10^{9}。因此，除非是同卵双生子女，否则几乎不可能有两个人的 DNA 指纹的图形完全相同。

（2）稳定的遗传性。DNA 是人的遗传物质，其特征是由父母遗传的。分析发现，DNA 指纹图谱中几乎每一条带纹都能在其双亲之一的图谱中找到，这种带纹符合经典的孟德尔遗传规律，即双方的特征平均传递 50% 给子代。

（3）体细胞稳定性。即同一个人的不同组织如血液、肌肉、毛发、精液等产生的 DNA 指纹图形完全一致。

2. DNA 指纹图谱法的基本操作

从生物样品中提取 DNA（DNA 一般都有部分的降解），可运用 PCR 技术扩增出高可变位点（如 VNTR 系统，串联重复的小卫星 DNA 等）或者完整的基因组 DNA，然后将扩增出的 DNA 酶切成 DNA 片段，经琼脂糖凝胶电泳，按分子量大小分离后，转移至尼龙滤膜上，然后将已标记的小卫星 DNA 探针与膜上具有互补碱基序列的 DNA 片段杂交，用放射自显影便可获得 DNA 指纹图谱。

3. 琼脂糖凝胶电泳

琼脂糖凝胶电泳是分离，鉴定和纯化 DNA 片段的常规方法。利用低浓度的荧光嵌入染料 - 溴化乙啶进行染色，可确定 DNA 在凝胶中的位置。如有必要，还可以从凝胶中回收 DNA 条带，用于各种克隆操作。琼脂糖凝胶的分辨能力要比聚丙烯酰胺凝胶低，但其分离范围较广，用各种浓度的琼脂糖凝胶可以分离长度为 200 bp 至近 50 kb 的 DNA（图 4-1）。长度 100 kb 或更大的 DNA，可以通过电场方向呈周期性变化的脉冲电场凝胶电泳进行分离。

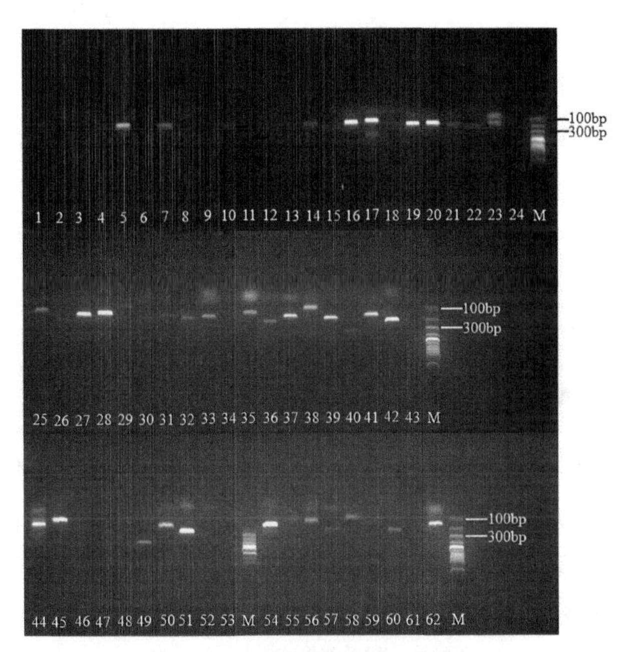

图 4-1　琼脂糖凝胶电泳分离 DNA

在基因工程的常规操作中，琼脂糖凝胶电泳应用最为广泛。它通常采用水平电泳装置，在强度和方向恒定的电场下进行电泳。DNA 分子在凝胶缓冲液（一般为碱性）中带负电荷，在电场中由负极向正极迁移。DNA 分子迁移的速率受分子大小、构象、电场强度和方向、碱基组成、温度和嵌入染料等因素的影响。

4. DNA 指纹数据处理

（1）DNA 指纹图谱的共有带率（Band-sharing，简称 BS）。

$$BS=2N_{AB}/(N_A+N_B)$$

式中：N_A 指个体A的条带数，N_B 为个体B的条带数，N_{AB} 指个体A和个体B共有的条带数。

（2）平均等位基因频率（q）及最低平均杂合率（Ht）。

$$q = 1-(1-BS)^{1/2},\ Ht = 1-q$$

式中BS为共有带率。

（3）两个个体具有完全相同的DNA指纹图谱的概率（P）。

两个无关个体具有完全相同的DNA指纹图谱的概率为：

$$P_1=(1-2BS+2BS^2)^{n/BS}$$

两个同胞个体具有完全相同的DNA指纹图谱的概率为：

$$P_2=[1-0.5q(1-q^2(4-q)]^{n/BS}$$

式中：n为个体的平均条带数，q为平均等位基因频率。

三、DNA指纹技术所用的探针

自DNA指纹技术建立以来，这一技术迅速在动植物的进化关系、亲缘关系分析以及法医学方面得到广泛应用。也正是由于DNA指纹技术在核酸分析中显示出了强大的生命力，因而许多学者围绕此技术所用的探针做了大量的工作，除Jeffrey等的探针外，用人工化学合成或从生物组织中提取后再扩增的办法生产出了一批高水平的探针。迄今，在DNA指纹技术中所用的探针大概有probe33.15、33.6、bacteriophage MB、pig repetitire clone p83、PGB 725、poly（GT）containing18.1、（GTG）5/（CAC）5、（CAC/TA）4及（GT）12等。同时，在探针的标志上也有了很大的发展，根据它们的结构可大致分为小卫星探针和简单重复序列探针，简单重复序列包括微卫星探针“Microsatellite probe”和寡聚核苷酸探针。小卫星探针的核心序列为33 bp，常定位在人常染色体前的末端（Rroterminal）区域，微卫星探针则在10～20 bp之间，而寡聚核苷酸探针在10 bp以下，普遍散布在人类整条染色体上，或者在基因间区域或者位于内含子内。

第三节　常用软件

分子标记技术在植物学领域研究中的应用，经常涉及DNA谱带的记录和使用统计软件进行统计分析，因此本节将介绍几种分析软件的特点和使用简介，以供读者参考。

一、AMOVA软件

AMOVA软件是Analysis of molecular variance的缩写形式，由瑞士日内瓦大学的Laurent Excoffier博士编写。使用者使用该软件能够在分子水平上对群体遗传结构进行分析。包括对由不同种群组成的地区之间，同一地区内不同种群之间以及同一种群内不同个体之间的遗传变异进行比较分析。一般是在Windows中运行AMOVA。所以又称之为WINAMOVA。

WINAMOVA需要3种类型的输入文件，一个*.dis（*号表文件名）格式的个体间遗传距离矩阵文件，可由RAPDistance程序生成，或由其他一些文件格式转换程序生成。此外还需要一个组文件*.group用来表示分析的地区数以及一个种群文件*.pop。若全部地区内划分的种群总数为n，则需要有从*1.pop到*n.pop的种群文件。这几种文件都可以事先在MS-DOS的编辑器中输入保存好。WINAMOVA的基本步骤如下。

（1）选择输入文件。

（2）根据分析的需要修改AMOVA的设置。

（3）按“Go！”菜单按钮令程序运算。

（4）分析结束后，结果出现在“结果窗口”中，保存即可。

需要注意的是由于 WINAMOVA 出现较早，现已不支持对 RAPD/AFLP 类数据的分析，只支持分子序列数据。现在它已经被开发者整合到功能更为强大的软件包 Arlequin 中去。

二、PHYLIP 软件

PHYLIP（Phylogeny infer ence package）是由西雅图华盛顿大学的 Joseph Felsenstein 编写的。它是发布最广泛的系统发育软件包，版本为 v3.6（alpha2）版，总共包含 34 个程序，分为两大部分。

第一部分为数据处理、计算。依数据类型分为分子序列方法、距离矩阵方法、基因频率与连续性状及分离性状方法。

第二部分为画树，求合一树（Consensus tree）及对树的编辑。PHYLIP 可以根据简约性、兼容性、距离矩阵方法及似然性来推断系统发育关系。在第二部分中除了可以计算合一树外，还可以计算不同树之间的距离画树，用靴带法（bootst rap）或大折刀法（jackknife）重排数据和编辑树，计算距离矩阵。本软件可用来处理核苷酸序列、蛋白质序列、基因频率、限制位点、限制酶切片段、距离矩阵、分离性状及连续性状等数据。程序可在 Windows、Dos 及 Macintosh 平台下运行。程序运行前有一个特点就是要对选项中各种参数做出选择，然后再运行。对分离数据的处理一般用 Pars、Mix、Dollop 等程序；对距离矩阵的处理用 Neighbor 或 Fitch 程序。画树用 Drawgram 或 Drawtree 程序，前者画出带根树，后者画无根树。靴带法分析需用 Con sense 程序。

PHYLIP 各程序的输入文件（infile）格式都有严格的规定，输入文件只能以记事板的 ASC Ⅱ格式或 Word 中的“Text only”的形式保存。也可以从别的程序产生的 PHYLIP 格式的数据作为输入文件。当运行画树程序时，可在屏幕上预览生成的树，但不能即时打印出，树先以 Plot file 的形式保存，要打印，需将 Plot file 发送给打印机执行才可，并执行如下操作 > Copy/ B plotfilePRN ：即可打印出。

对于分子序列数据，有多种处理程序。如对于 DNA，可有 dnapars、dnapenny、dnamove、dnaml、dnadist 等，对于蛋白质，有 proml、promlk、prodist ；对于 RFLP 或 AFLP/ RAPD 数据，可用 Restdist 计算距离矩阵，这一类数据的输入格式不是传统的“0/1”式，而是“–/+”式排列。距离计算方法有 4 种，在其中选一，即 Jukes-Cantor 模式、Kimura 的双参数方法、Jin-Nei 的距离方法及最大似然法。用 Seqboot 程序可以对分子序列、二维性状、限制位点片段或基因频率数据进行 Bootstrap 或 Jackk nife、Permutation 分析。例如，如果需要的是距离矩阵数据，可先运行 Seqboot，将其结果作为输入文件运行 dnadist（或用 Restdist 计算 RAPD 等数据），然后结果作为 Neighbour 的输入文件运行，再用 Neighbour 产生的结果运行 Consense 即可。Consense 为多树比对程序，它可对一系列（例如 10 个）同性质的树文件进行比较，得出综合情况找出合一树。合一树按构建的法则分为两类：即严格合一法（strict consensus），它规定得出的合一树的某一树枝应在所有的树中都出现（100%）；另一种为大数规则合一法（majority rule consensus，MR 法），即要求合一树的某一树枝在多于 50% 的树中出现。通常采用后一种方法构建合一树。构建合一树的目的是综合从不同数据集中获得的系统树之间的共同特征，它可以归纳不同系统树之间的相同部分。但应明白，合一树仅是不同竞争树之间相合性部分的总结，它不应被直接解释成系统发育关系。

三、MEGA 软件

MEGA 软件是英文 Molecular evolutionary genetics analysis 的缩写，是一种由亚利桑那州立大学生物系的 Sudhir kumar 和日本东京都立大学的 Koichiro Tamura 以及宾夕法尼亚州立大学的 Masatoshi

Nei 和 Ingrid Jakobsen 等联合开发的分子进化遗传分析软件。MEGA 软件广泛地应用于分子生物学及进化遗传学研究的许多方面，目前最新版本为 MEGA6.0。

MEGA 的输入文件可以为距离矩阵或序列格式，距离矩阵为下左或上右三角形矩阵格式，缺失数据可用“?”表示，在序列中用“_”表示。

首先，在 MEGA 的 Text editor 中输入原始数据或从记事板中拷贝过去，对于距离数据，对角线上的 0 不用输入，各个体不用编号，只需在名称前加一个“#”。数据输入后，即可按“格式转化”工具图标将输入的 .txt 格式文件转化为 MEGA 格式（它包含各种格式）。对于距离矩阵选 NBRF 格式，对于序列数据，依序列的排放方式，选择转换为 PHYLIP 的 Interleaved 或 Noninterleaved 格式。输入文件转换完成后保存并“关闭数据”，然后在 File 中选“OPEN DATA”，接着点击 Explore active data 图标在弹出窗口的 Average 菜单中依次用“Within groups”“Between groups”及“Net between groups”计算种群内、种群间及最终种群间的净距离。

其次，在 Phylogeny 菜单选择 UPGMA、NJ 法或 MP 法建树。对于 DNA 或蛋白质序列还可以在新激活的 Test 菜单下做各种分析。如果要做内部树枝检测，只能对 NJ 法及 MP 法产生的树进行 t 检验。计算标准误用 Phylogeny/Bootst rap test 做，每一内部的树枝有一个 Bootstrap 值，只有该值达到 95% 时可以认为该树枝的拓扑学结构是正确的。Bootstrap 的原理是：开始输入的序列的顺序产生一个原初树（original tree），然后程序按用户选定的重复数（不能小于 25）重新排列序列的顺序，产生一系列新排列得出的树，这些新产生的树（称为 Bootst rap 树）与原初树对比，不同处记为 0，相同处记为 1，重排序及重建树几百次后，每个内部树枝重复值为 1 的次数的比例被记录下来作为它的 Bootst rap 值。

最后，构建出合一树。与 PHYLIP 程序相似，MEGA 在构建合一树时也有严格法及大数规则法两种法则。

四、TREECON 软件

TREECON 软件由比利时 Antwerp 大学生物化学系的 Yves Van de Peer 编写，是一种构建制作系统树的很好的程序，它编辑出的树很美观，在 Windows 下运行。V1.3b 版主要包括给无根进化树赋根的程序、在屏幕上画树的程序、保存树的程序以及其他一些编辑工具，它可以显示由几百个序列构建系统树。另外，其中还整合了一个输入文件格式转换工具 ForCon1.0，可将 PIR、NDRF、PHYLIP、OL SEN 等格式的文件转换为 Treecon 格式。Treecon 可以处理核苷酸序列、氨基酸序列以及 RFLP/RAPD/AFLP 的 0/1 数据，可选择不同的算法构建系统树。对于 DNA、氨基酸等分子序列的输入文件格式通常采用并列排行（aligned sequence）的格式。在 Treecon 的主菜单面板中有如下 4 种选项，依次点击即可按步骤运行程序：① Distance estimation；② Infertree topology；③ Rootunrooted trees；④ Draw phylogenetic tree。

在 Treecon 的画树程序窗口中，可以由单一序列来改变树根，根据 Topology/Change root/ Root with single sequence，或由一组序列 . . . /Root at internode 来改变树根。当将树转变成无根树后，即是变为辐射状树后，还可以对树移动、旋转及改变树弧（Topology/Changing angle）。另外，可以对树形中感兴趣的一组可操作分类单元（OTU）选中着色以示区别，可以采用 4 种方法。

（1）用不同的颜色来命名各 OUT。

（2）用等腰三角形把一组归类在一起（此法只可屏幕显示不可打印）。

（3）给一组 OTU 加上阴影背景。

（4）在一组 OTU 前面共有的树枝节点点击出现一个正方形后起一个名字。

最后保存树用 Treecon 格式保存较好，所做的颜色、备注等文字也被保留下来。

五、RAPD distance

RAPD 标记技术简便易行，省事省力，一般条件的实验室都可以做，从问世至今一直被广泛使用。如果用 RAPD 做群体遗传分析将会产生大量的数据，给分析带来麻烦。所以，澳大利亚国立大学的 John Armstrong 和 Adrian Gibbs 等编写的 RAPD distance 1.04 有助于解决这个问题。安装后于 DOS 环境下运行。它通过比较 RAPD 扩增片段，根据片段的大小和有无的情况来估计不同 DNA 样品的相互关系。软件中主要包括数据的输入、编辑、计算及结果分析的程序。每次启用程序时只需在 DOS 提示符键入 RAPD 回车即可进入欢迎界面，在主菜单上依次选择不同选项，可使程序按顺序执行各种指令。

第一步原始 0/1 带型数据的输入及编辑。程序限定不超过 20 种群共 100 个 DNA 样品，即用来分析数据的引物不超过 20 条，产生的总特异条带不超过 250 条。如果超过了此限制，程序将出错。数据输入完成后程序会自动存储，此后可进行添加或删除条带、样品数或 0/1 值的改动等编辑工作。

第二步为遗传距离（简称距离）的计算。程序先计算样品之间的遗传相似度（S），再用 1-S 即得到遗传距离矩阵。可以在程序提供的 18 种方法中选择一种来计算遗传相似度。常用的有第一种 Nei 氏的，$S=(2\times n1/1/2n1/1)+n0/1+n1/0$ 和第二种 Jaccord 的 $S=n1/1/(n-n0/0)$ 等。运算的结果得出遗传距离的三角形矩阵，结果按以下 5 种文件格式输出。

（1）*. NJT。该格式的文件可为画树程序，如 NJ TREE 等提供输入数据。

（2）*. DIP。可作为 RAPD distance 外的其他程序，如 DIPLOMO 的输入文件。

（3）*. DIM。也在 DIPLOMO 分析时用，为上者 DIP 的补遗。

（4）*. PHY。作为系统发育软件 PH YLIP 的输入文件。

（5）*. DIS。作为软件包 WINAMOVA 的输入数据。

第三步为结果分析，可先用 TDraw 程序产生一个 NJ 系统树，并以打印语言存贮，必要时发送给打印机打印出。如果需要对构建的 NJ 树做进一步的分析，如所画的树是否合适，是否有错误，或只是由于人为的错误造成的假象，可以用程序 32.bat 作 PTP（permutation tail probability）检测，评价树的显著性、置信度等。

六、DIPLOMO 软件

DIPLOMO 为 Distance plot monitor 的缩写，由澳大利亚国立大学生命科学研究院（www.life.anu.edu.au）生物信息学实验室的 George Weiller 博士等人编写。对于各种分子遗传距离测量方法，V1.03 版可以以 X 轴 Y 轴的二维方式表示它们之间的相互关系，并在屏幕上打点显示，如对地理距离与遗传距离一起分析它们之间的二维关系，程序最大可处理 180 个 OTU。从 DIPLOMO 的打点图中可以看出：① 不同的距离测量方法产生的趋势以及两个物种的比较的变异变化。② 表现相似的一组 OUT。③ 不同的距离测量法的关联性。从程序分析中可得到如下具体信息：是否不同的物种（或不同的各组物种）表现出特异的变异特性；是否当用一对距离测量法计算时一组物种表现出的特有的性质，当在用不同的距离测量法时也一样保持这样的性质；是否一种特定的距离测量法对衍算出的某一进化树是合适的；是否进化树的时间钟在树中都一致；是否从不同的数据衍算或用不同的算法得出进化树有所不同。主要步骤如下。

（1）用不同的距离测量方法产生的距离矩阵（两个级以上），并将它们依次保存在一个 *. DIP 文件中。

（2）File/Open DIP file 把已保存于电脑中的 DIP 文件调出，点“OK”后，出现一个“Plot Data”的对话框要求输入两项：即 X 轴和 Y 轴各自代表的距离矩阵计算方法，然后画出这两个距离矩阵的打点图。对于分子序列距离矩阵的算法有达 16 种供选择，如 Juke-Cantor 或 Kimura 的位点突变法，核苷酸差异、转换、颠换，第一密码子位置核苷酸差异等，选择好点“OK”后即可得到打点图。

（3）看图，对图中比较感兴趣的特征用颜色或符号标记，将对应的物种做标记并作一些统计分析。

（4）用不同的距离矩阵方法重复 2 ～ 3 步。

七、MAPMAKER

MAPMAKER 是一种构建遗传图谱的软件，结合分子标记构建遗传图谱的基本步骤如下。

（1）选择适合作图的分子标记。

（2）选择用于建立作图群体的亲本组合。

（3）建立具有大量 DNA 标记处于分离状态的分离群体。

（4）测定作图群体中不同个体的标记基因型。

（5）对标记基因型数据进行连锁分析，构建标记连锁图；最后再定位到染色体上。

尤其是（5）中对标记进行连锁分析时，需要统计分析大量的分子标记之间的连锁关系，涉及 RFLP、AFLP、RAPD、微卫星和 SNP 等各种标记。随着标记数目的增加，计算工作量呈指数递增，仅依赖手工计算是不可想象的，必须借助计算机软件。目前应用广泛的软件有洛克菲勒大学的 Linkage 与 Genhunter（www.rockefeller.

edu/software）以及麻省理工学院（MIT）的 Mapmaker（http：// ftp-genome.wi.mit.edu/distribution/software/map maker3）。前两种需要在 SUN、Unix 或 Lynix、Macintosh 下运行，而 Mapmaker 除了这些系统外，还支持 DOS 操作系统。

首先用 Prepare data 命令加载数据文件，然后 Mapmaker 将用两点连锁分析法初步寻找连锁群。先用 Sequence 命令输入预分析的标记座位；接着键入 Group 命令指导程序将 Sequence 中的标记分为不同的连锁群，要决定任何两个标记是否连锁，Mapmaker 计算任两个标记之间的最大似然距离及相应的 Lod 值（Lod 值为两个似然函数之比的对数值，Lod-lg$L(r)/L(0.5)$，其中 r 为重组率），若 Lod 值大于默认的 3.0 阈值时，则程序认为这两个标记是连锁的。为了找出连锁群，如果程序计算发现标记 A 与标记 B 连锁，而标记 B 又与标记 C 连锁，那么 A、B、C 三个标记将被包括在一个相同的连锁群中。接下来，程序在一个连锁群内部决定最有可能的标记排列次序。先给一个连锁群中标记所有的每一个可能的次序计算最大似然图谱，以及得出每一相应图谱的可能性。然后比较这些图谱的可能性，选出最有可能的标记排列次序。这称为穷尽分析，可用 Compare 命令来做。穷尽分析（运算量为 $N!/2$）对大的连锁群（标记数 N 为 6 ～ 10 时）是不可行的，需要先在连锁群内随机挑出小于限制数目的标记组成一个标记子集再分析。

八、SPSS 软件

SPSS（Statistical package for social sciences）即社会科学统计软件包，一直是国际上最流行而且最具权威性的统计分析软件之一。随着 Windows 操作平台的面市，SPSS 从 1992 年开始由 Dos 版本升级为 Windows 版本即最初的 4.0 版本，1999 年底推出 SPSS10.0 版本，现在又升级为 SPSS22.0 版本。与其他国际权威软件，如 SAS、

STATA、BMDP 等相比，SPSS 最显著的特点为菜单和对话框操作方式，绝大多数操作过程仅仅依靠鼠标击键就可以完成，非常易于操作，因而成为非统计人员应用最多的统计软件和国际医学期刊引用最多的统计软件。

SPSS 统计主要包括 SPSS 的运行环境、特点和主要窗口；数据文件的建立、编辑和整理等；数据转换方法；数据汇总和简单描述报告；描述性分析与列联表资料分析；以单变量 *t* 检验为主，用参数方法分析均数之间的比较；各种方差分析；双变量相关和回归分析、曲线回归、多元联合回归、聚类分析、因子分析和主成分分析；非参数分析方法；流行病学常用统计方法—生存分析方法和 Logistic 回归；统计图形的绘制，概率图、质控图和 ROC 曲线图以及软件基本操作等。

九、对植物 EST 数据大规模分析的软件

1. EST 数据质量控制常用的软件

EST 数据序列质量控制常用软件见表 4-2。

表 4-2　序列质量控制常用的软件

软件名称	功能描述
Phred	将测序峰图文件转换成核酸序列并生成质量控制文件，以及根据质量控制文件获取有效序列
Pbd2 Fasta	将质量控制文件转成 FASTA 格式的序列
Cross-match	根据载体文件除去载体序列
Repeat Masker	根据重复序列文件去除重复序列
Remove poly A and T	去掉太短的序列，截取长的 poly（A）和 poly（T），去掉 N 值超过 95% 的序列
Extract EST	可从 NCBI 下载的 dbEST 文件中分离小麦、玉米、大豆、水稻等作物的所有 EST 数据

2. 相似序列搜索常用的软件

NCBI 提供的基本局部相似比对搜索工具（ Basic local alignment searchtool，BLAST）软件包和 FASTA 是最常用的相似性序列搜索软件。还有两个对 FASTA 和 BLAST 结果进行分析的程序 Octopus 和 FASTA/BLAST Scan。FASTA 将一条序列与另一条序列进行比较，或在数据库中查找同源序列。FASTA 软件可在 ftp://ftp.vir.ginia.edu/pub/fasta/dos/ 中下载。BLAST 软件下载站点为：NCBI，http://www.ncbi.nlm. nih.gov/BLAST/ blast.html ；EMBL，http://www.eb i.ac.uk/blast 2 ；EBI 的 FASTA，http://www.ebi.ac.uk/fasta。BLAST 分成 5 个不同的程序：① blastp，提交蛋白质序列，在蛋白质序列数据库中查序列。② blastn，提交核酸序列，在核酸序列数据库中查找同源序列。③ blastx，提交核酸序列，在蛋白质序列数据库中查找同源序列。④ tblastn，提交蛋白质序列，在核酸序列数据库中查找同源序列。⑤ blastx，提交核酸序列，在核酸序列数据库中查找同源序列。下载 BLAST 程序与相应数据库的网址：ftp://ftp.ncbi.nlm.nih.gov/ blast/ executables/ 目录下。注意有应用于不同操作平台的好几个版本。Octopus 是用来分析 BLAST 与 FASTA 输出结果的程序，是 BLAST 与 FASTA 的补充程序，可以进行相关的各种分析，其下载网址是 http://www.lmcp.jus sieu.fr/~durand/Ht ml Doc/software /octopus/octomain. html。FASTA/BLAST Scan 也是一个补充程序，用来对 FASTA/BLAST 查询输出的文件进行处理，并以 Pearson 格式输出序列文件，便于使用其他分析软件分析检索出的序列。但要注意的是，用 FASTA 的敏感度（ktup）和 BLAST 的 E 值来判断相似序列是很不可靠的，但可根据 FASTA、BLAST 结果自己设定标准，如可重新定义 BLAST 结果的相似度为 Identity=$a \times b \times c$（a 表示 identities 的分母 67，Identities=67/68=98% 中的分母 68 ；b 表示提交序列的长度；c 表示 Identities 值）。

3. 序列聚类和拼接常用的软件

序列聚类和拼接常用的软件或软件包比较多，表 4-3 列出了比较常用的软件：Phraphred、cross match、consed 组成一个软件包，通常用的是 perl 写的脚本程序 Phred Phrap。Feng Liang 等比较了 Phrap、CAP3 和 TIGRA ssembler，认为 CAP3 是最佳的软件。也可以根据自己的序列来选择合适的软件然后组合起来，如人们用 p3Assembler，它包含 cross match、Repeatmask er、forcon、CAP3 和 consed，合理的软件组合既提高了准确率又提高了效率。

表 4-3　序列聚类和拼接常用的软件

软件 / 软件包名称	功能描述
GAP4	进行序列拼接，检查分析结果等功能
Phrap	序列拼接
Stack PACK	包含 Crossmatch、d2 Cluster、Phrap、CRAW 对序列进行质量控制、拼接等
CAP3	对序列进行质量控制和拼接
TIGR Assembler	序列拼接
Sequencher TM	查看测序峰图，序列校正、序列拼接
Stadca-package	包含 gap4、CAP3、trevpregap4、spin 等程序可对序列进行质量控制、拼接等，并图形化显示结果
Clustal W	对核酸或蛋白质序列进行多序列出对
Clustal X	它是 Clustal W 图形界面化的程序
Blastclust	对核酸或蛋白质序列进行分类

参考文献

陈佩度, 2001. 作物育种生物技术 [M]. 北京 : 中国农业出版社 .

陈熙, 张羽, 李佼, 等, 2016. SRAP 标记分析陕西省主要茶树种质资源遗传多样性 [J]. 西北林学院学报, 31 (3): 143-147.

方宣钧, 吴为人, 唐纪良, 2001. 作物 DNA 标记辅助育种 [M]. 北京 : 科学出版社 .

黄原, 1998. 分子系统学原理、方法及应用 [M]. 北京 : 中国农业出版社 .

李涛, 赖旭龙, 钟扬, 2004. 利用 DNA 序列构建系统树的方法 [J]. 遗传, 26 (2): 205-210.

黎裕, 贾继增, 王天宇, 1999. 分子标记的种类及其发展 [J]. 生物技术通报 (4): 19-22.

廖柏勇, 王芳, 陈丽君, 等, 2016. 基于 SRAP 分子标记的苦楝种质资源遗传多样性分析 [J]. 林业科学, 52 (4): 48-58.

刘荣, 龚德勇, 刘清国, 等, 2019. 基于 SRAP 分子标记的 13 份贵州芒果种质资源遗传多样性分析 [J]. 热带作物学报, 40 (1): 87-91.

王关林, 方宏筠, 1998. 植物基因工程原理与技术 [M]. 北京 : 科学出版社 .

王洪振, 王姝, 邝盼盼, 等, 2016. DNA 分子标记技术及其在植物育种中的应用 [J]. 吉林师范大学学报 (自然科学版) (1): 108-112.

王建波, 2002. ISSR 分子标记及其在植物遗传学研究中的应用 [J]. 遗传, 24 (5): 613-616.

王同华, 王艳兰, 汤睿, 2020. 湖南省饭豆地方种质资源遗传多样性的 RAPD 和 ISSR 分析 [J]. 中国农学通报, 36 (14): 41-45.

王志林, 赵树进, 吴新荣, 2001. 分子标记技术及其发展 [J]. 生命的化学, 21 (4): 39-42.

韦荣编, 邱高峰, 2003. 几种常用生物分析软件的特点及其使用简介 [J]. 生物技术通报 (3): 30-34.

徐刚标，2009. 植物群体遗传学 [M]. 北京：科学出版社.

詹永发，王海，张万萍，2015. 贵州辣椒种质资源的多样性 [J]. 贵州农业科学，43 (10): 1-7.

张景云，黄月琴，万新建，等，2017. 基于 SSR 和 SRAP 标记苦瓜种质遗传多样性分析 [J]. 上海交通大学学报 (农业科学版), 35 (3): 90-94.

赵海军，纪力强，2004. 生物多样性评价软件 Biodiversity Mapping 的设计与实现 [J]. 生物多样性，12 (5): 541-545.

周延清，2000. 遗传标记的发展 [J]. 生物学通报，35 (5): 17-18.

周丽霞，吴翼，杨耀东，2017. 基于 SSR 分子标记的油棕遗传多样性分析 [J]. 南方农业学报，48 (2): 216-221.

Abdennadher N, Boesch R, 2007. Porting PHYLIP phylogenetic package on the desktop GRID platform XtremWeb-CH [J]. Stud Health Technol Inform (126): 55-64.

Admas M D, Kelley J M, Gocayne J D, et al., 1991. Complementary DNA sequencing: expressed sequence tags human genome project [J]. Science, 252 (5013): 1651-1656.

Allendorf F W, 2007. Conservation and the genetics of populations [M]. Oxford: Blackwell Science Publications.

Atwell S, Huang Y S, Vilhjalmsson B J, et al., 2010. Genome-wide association study of 107 phenotypes in *Arabidopsis thaliana* inbred lines [J]. Nature, 465 (7298): 627-631.

Bell G I, Selby M J, Rutter W J, 1982. The highly polymorphic region near the human in suling gene is composed of simple tandemly repeating sequences [J]. Nature (295): 31-38.

Botstein D, White R L, Skolnick M, et al., 1980. Construction of a genetic linkage map in man using restriction fragment length polymorphisms [J]. Am J Hum Genet, 32 (3): 314-331.

Buchanan B B, Gruissem W, Jones R L, 2004. 植物生物化学与分子生物学 [M]. 瞿礼嘉，顾红雅，白书农，等译. 北京：科学出版社.

Duricki DA, Soleman S, Moon L D, 2016. Analysis of longitudinal data from animals with missing values using SPSS [J]. Nat Protoc, 11 (6): 1112-1129.

Excoffier L, Smouse P E, Quattro J M, 1992. Analysis of molecular variance inferred from metric distances among DNA haplotypes: application to human mitochondrial DNA restriction data [J]. Genetics, 131 (2): 479-491.

Garrido-Cardenas J A, Mesa-Valle C, Manzano-Agugliaro F, 2018. Trends in plant research using molecular markers [J]. Planta, 247 (3): 543-557.

Golks A, Brenner D, Schmitz I, et al., 2006. The role of CAP3 in CD95 signaling, new insights into the mechanism of procaspase-8 activation [J]. Cell Death Differ, 13 (3): 489-498.

Hall B G, 2013. Building phylogenetic trees from molecular data with MEGA [J]. Mol Biol Evol, 30 (5): 1229-1235.

Hamada H, Petrino M, Kakunaga T, 1982. A novel repeated element with Z-DNA-forming potential is widely found in evolutionarily diverse eukaryotic genomes [J]. Proc Natl Acad Sci (79): 646-649.

Huang X, Madan A, 1999. CAP3: A DNA sequence assembly program [J]. Genome Res, 9 (9): 868-877.

Hayashi E, Kondo T, Terada K, 2001. Linkage map of Japanese black pine based on AFLP and RAPD markers including markers linked to resistance against the pine needle gall midge [J]. Theor Appl Genet (102): 871-875.

Hu J, Vick B A, 2003. Target region amplified polymorphism: A novel marker technique for plant genotyping [J]. Plant molecular biology reporter (21): 289-294.

Jeffreys A J, Wilson V, 1985. The SL1 hypervariable minisatellite regions in human DNA [J]. Nature (314): 67-71.

Jeffreys A J, Wilson V, 1984. The inSL1 individual-specific fingerprints of human DNA [J]. Nature (316): 76-79.

Kumar S, Stecher G, Li M, Knyaz C, et al., 2018. MEGA X: molecular evolutionary genetics analysis across computing platforms [J]. Mol Biol Evol, 35 (6): 1547-1549.

Laaribi I, Gouta H, Mezghani Ayachi M, et al., 2017. Combination of morphological and molecular markers for the characterization of ancient native olive accessions in Central-Eastern Tunisia [J]. C R Biol, 340 (5): 287-297.

Laurence D, Sanrine L, Myrian G, 2002. Geographic pattern of genetic variation in the European globeflower *Trollius europaeus* L. (Ranunculaceae)inferred from amplified fragment length polymorphism markers [J]. Molecular Ecology (11): 2337-2347.

Li G, Quiros C F, 2001. Sequence-related amplified polymorphism (SRAP), A new marker system based on a simple PCR reaction: its application to mapping and gene tagging in Brassica [J]. Theor Appl Genet (103): 455-461.

Meirmans P G, 2012. AMOVA-based clustering of population genetic data. J Hered, 103 (5): 744-750.

Miyata K, Morita S, Dejima H, et al., 2017. Cytological markers for predicting ALK-positive pulmonary adenocarcinoma [J]. Diagn Cytopathol, 45 (11): 963-970.

Mobasheri A, Bay-Jensen A C, van Spil W E, et al., 2017. Osteoarthritis year in review 2016: biomarkers (biochemical markers) [J]. Osteoarthritis Cartilage, 25 (2): 199-208.

Sax K, 1923. The association of size differences with seed-coat pattern and pigmentation in Haseolusvulgaris [J]. Genetics (8): 552-560.

Shahmoradi L, Darrudi A, Arji G, et al., 2002. Electronic health record implementation: A SWOT analysis [J]. Acta Med Iran, 55 (10): 642-649.

Shimada M K, Nishida T, 2017. A modification of the PHYLIP program: A solution for the redundant cluster problem, and an implementation of an automatic bootstrapping on trees inferred from original data [J]. Mol Phylogenet Evol (109): 409-414.

Sturtevant A H, 1913. The linear arrangement of six sex-linked factors in Drosophila, as shown by their mode of association [J]. J Exp Zool (14): 43-59.

Tervo C J, Reed J L, 2016. MapMaker and PathTracer for tracking carbon in genome-scale metabolic models [J]. Biotechnol J, 11 (5): 648-661.

Van de Peer Y, De Wachter R, 1993. TREECON: a software package for the construction and drawing of evolutionary trees [J]. Comput Appl Biosci, 9 (2): 177-182.

Velculescu P, Hogers R, Bleeker M, 1995. AFLP: a new technique for DNA fingerprinting [J]. Nucleic Acids Res, 23 (21): 4407-4414.

Viramgami A P, Sadhu H G, 2018. Evaluation of training program "Basic Concepts of Occupational Health" for students of diploma in sanitary inspector course and way forward [J]. Indian J Occup Environ Med, 22 (2): 106-108.

Walhout M, 2009. Marian Walhout: transcriptional mapmaker. Interviewed by Ben Short [J]. J Cell Biol, 186 (1): 4-5.

Weide A C, Beauducel A, 2019. Varimax rotation based on gradient projection is a feasible alternative to SPSS [J]. Front Psychol (10): 645.

Williams J G, Kubelik A R, Livakk J, 1990. DNA polymorphisms amplified by arbityary primers are useful as genetic markers [J]. Nucleic Acids Res (18): 6531-6533.

Wyman J G, White A R, 1980. Cell and M-finger printing genomes using PCR with arbitrary primers [J]. Nucleic Acids Res (24): 7213-7216.

Xiao Y, Zhou L X, Xia W, et al., 2014. Exploiting transcriptome data for the development and characterization of gene-based SSR markers related to cold tolerance in oil palm (*Elaeis guineensis*) [J]. BMC Plant Biology (14): 384-396.

Yang D, Leibowitz J L, 2015. The structure and functions of coronavirus genomic 3' and 5' ends [J]. Virus Res (206): 120-133.

Zabeau M, Vos P, Kesseli R, 1993. PCR-based fingerprinting using AFLPs as a tool for studying genetic relationships in *Lactuca* spp [J]. Theor Appl Genet, 93 (8): 1202-1210.

Zeng Z B, 1994. Precision mapping of quantitative trait loci [J]. Genetics, 136 (4): 1457-1468.

第五章　分子标记在椰子资源遗传评价中的应用

第一节　SSR 标记对椰子遗传多样性的研究及亲缘关系分析

一、研究背景及意义

遗传多样性主要是指种内基因的变化，种内不同群体之间或同一群体内不同个体遗传变异的总和。这是生物界对遗传多样性的定义。简单来说，遗传多样性就是各种基因的总和。其表现形式多种多样，普遍为人们所接受的分为 4 类：① 表型的多态（如形态特征、生理特征、行为方式等）。② 染色体的多态（包括染色体的变异）。③ 蛋白质的多态（同工酶、等位酶）。④ 基因的多态（复等位基因）。从另一个角度说，遗传多样性可划分为可见性及不可见性，表现为：① 分子水平的多样性，即基因的多样性，任何物种都有自己的基因库。② 表型多样性，这与上面的“表型的多态”是相同的。

遗传是一个物种延续的保障，遗传多样性在物种生存与进化过程中起着举足轻重的作用。众所周知，遗传决定性状。形态变异是对遗传变异最好的表达，也是实践认知遗传多样性最直接的特征。但是，并不是所有性状均由遗传决定，这也是物种对环境的依赖性。不同基因决定不同的表现性，相同的表现性也可能由不同的基因控制。在物种发展过程中，遗传变异、遗传漂变和基因流都会影

响到遗传多样性，种群越大，受到的影响越小，因此，小种群面临的在遗传多样性方面的危机要大得多，这足以关系到种群的存亡。

遗传多样性作为生物多样性的重要组成部分，是生态系统多样性和物种多样性的基础方面，任何物种都有其独特的基因库和遗传组织形式，物种的多样性也就显示了基因的多样性，因此对遗传多样性的研究具有重要的理论和实际意义，遗传多样性是保护生物学研究的核心之一。不了解物种遗传多样性的大小、时空分布及其与环境条件的关系，不了解遗传多样性的影响因素及维持机制，不了解遗传多样性的测度及其研究的原理与方法，我们就无法采取科学有效的措施来保护人类赖以生存的遗传资源基因，来挽救濒于灭绝的物种，保护受到威胁的物种。因此，从广义上讲，保护遗传多样性就是保持生物多样性和人类赖以生存的生态环境。

近年来，随着椰子产业发展的日益壮大，对椰子产品的开发和利用也越来越重视。我国的椰子种植主要分布于海南、台湾和云南南部，其次是广西、广东和福建的部分沿海地区，目前对椰子种质资源的鉴定评价及育种研究仍处于起步阶段。因此，利用分子标记明确种质资源间的遗传关系及种群结构，对避免种质资源的重复性收集及保存、科学地选择亲本种质及椰子优良种苗的改良和培育均具有十分重要的意义。此外，分子标记在椰子品种鉴定与分类、种质资源的保护、亲缘关系、辅助选择育种、分子连锁图谱构建等研究领域都有着十分重要的作用，其为传统常规育种提供了强有力的辅助手段。目前，我国椰子育种工作中很重要的一部分工作是加快种质资源的收集以及对椰子的遗传资源的研究，大力推广优质、高产品种，积极引入高产高效的外来资源，尤其可以作为母本杂交种的矮种，来满足目前和将来的育种需要，充分促进分子标记技术与常规育种技术相结合的同时，还应注意寻找新型分子标记，寻找低成本的简化分子标记技术，改进分析基因组的方法和技术。相信随着分子标记技术的日臻完善，分子标记必将在椰子育种中发挥关键作用，推动椰子产业的发展，为椰子产业带来更大的经济效益，满足人们对椰子产品生产和生活的需求。

二、椰子 SSR 的开发与验证

以前，椰子种质资源的评价依赖于农艺性状和品质性状的表型数据，可用的分子标记十分匮乏。近年来，随着高通量测序技术的快速发展，越来越多的分子标记被开发和应用。如吴翼（2008）应用选择性扩增微卫星法对椰子 SSR 分子标记进行开发，对 42 份椰子种质材料进行亲缘关系分析和指纹图谱的构建，结果表明，在供试的 5 个高种和 8 个矮种椰子种质材料中，高种的遗传多样性明显高于矮种椰子，而且高种椰子的遗传变异较小，可作为重点种质资源进行保护。罗意（2013）首次利用椰子转录组数据开发 Genic-SSR 标记，从中筛选出多态性的 Genic-SSR 标记，且利用其中多态性较好 80 对标记对 82 份来源于国内外的椰子种质资源进行遗传多样性分析（图 5-1，见彩色图版）。成功开发 191 对多态性引物，增加了椰子中可利用 SSR 分子标记数。所测的 309 个 SSR 位点中，61.81% 具有多态性，这些多态性 SSR 位点的 Shannon 多样性指数介于 0.325 1 ～ 1.239 6，平均杂合度介于 0.000 ～ 0.695。对标记的多态性程度与重复单元、重复次数以及 GO 功能类之间的关系进行分析，发现通常重复次数为 8，重复单元为 AG、CAC。通过对这些椰子资源进行群体结构分析和主成分分析，发现不同地理来源的椰子并没有显著的遗传差异，但是矮种和高种椰子具有显著的遗传分化，且高种椰子的资源遗传多样性高于矮种椰子。利用 Tassel 软件分析这些多态性 SSR 位点之间的 LD 情况，发现对所有资源求算 LD 值更高，其中有 13.24% 的标记对 LD 显著。获得 24 个与椰子高矮性状连锁的 Genic-SSR 分子标记，这些标记在关联分析结果中 P 值小于 0.5，其中贡献率最高达到 76.03%。吴翼等（2017）开发了 7 对可用于椰子种质资源遗传多样性分析的多态性 SSR 引物。

目前，我国针对椰子群体结构和遗传变异等方面的研究相对较少，可用于分析其遗传结构多样性的 SSR 分子标记十分有限，开发与目标性状紧密连锁的 SSR 分子标记对椰子优良种苗的选育及鉴定具有十分重要的意义。

三、SSR 与椰子遗传多样性研究进展

利用 DNA 分子标记来分析椰子遗传差异，根据其地理分布将椰子分为 2 个类型，太平洋种群和印度—大西洋种群，这些分类使得人类更清楚地了解椰子群体之间存在的分散性和遗传多样性。

Meerow 等（2003）通过实验分析得到的 15 个 SSR 多态性位点来研究来自佛罗里达州南部的 110 个栽培种的椰子的遗传多样性。共检测到 67 个等位基因，其中 15 个位点的基因多样性变化范围为 0.778 ～ 0.223，平均值为 0.574，在一些栽培高种出现最高值（累计 0.583），一些马来矮种出现最低值（0.202），但斐济矮种的遗传多样性指数仅次于高种（0.436），并具有许多大量的特殊等位基因。马来矮种的多样性最小，马来黄矮和绿矮的相似度最高达 0.995，马来矮种的任意一对的相似度平均为 0.839，马来西亚矮种间和高种间的种群间遗传一致度最高，但马来红矮的基因型却与绿矮和黄矮的截然不同。分析 30 个斐济的矮种椰子后代发现 20% 的子代与其他品种发生远交，而 40%～ 60% 的可能是自交。

遗传多样性评价是种质资源鉴定和利用的重要组成部分。柳晓磊等（2008）应用 30 对 SSR 标记对海南的 11 个椰子栽培品种进行遗传多样性分析，其中 23 对可以扩增出有效多态性片段 136 条，平均多态性百分率为 95.77%，每对引物扩增出的条带为 2 ～

12 条不等，平均为 6.17 条，每个 SSR 位点的多态信息量（PIC）在 0.173 ～ 0.896，平均为 0.561。11 份材料之间遗传相似系数变化范围 0.061 ～ 0.861，说明海南椰子栽培品种之间存在丰富的遗传多样性。UPGMA 聚类分析结果表明，11 个椰子栽培品种中分为 4 个类和两个亚群。SSR 标记反映出的品种间亲缘关系与形态学研究的分类结果并不完全吻合。随后柳晓磊等（2011）利用 SSR 分子标记确定了海南 6 个地区的 10 个椰子（*Cocos nucifera* L.）种质的遗传多样性。从所用的 26 个简单重复序列（SSR）标记中共检测到等位基因 188 个，其中 163 个等位基因存在多态性，其多态等位基因所占比例为 84.65%，每个位点平均有 7.23 个等位基因，平均多态性信息含量为 0.575。SSR 分析显示海南这些种质之间的基因流为 0.279，说明这些个体的基因之间的交换是有限的。海口绿色高种的期望杂合度（He）显著高于其他高种，而三江绿色高种的观察杂合度最低。他们的遗传变异指数为 0.078，所以他们之间的群体分化不明显。除了多样性参数，他们还用贝叶斯标定测验和聚类分析来确定这些样本的群体结构。Kumar 等（2011）采用 SSR 分子标记对 14 个来自世界各地的椰子种质的遗传多样性进行分析，采用 POPE GENE ver.1 软件和数理统计对遗传多样性进行分析。共使用 8 对引物得到 28 条多态性等位基因。在 Hari papua 矮种与 kiriwana 高种之间的相似性指数最高为 0.765 4，相似系数范围为 0.177 5 ～ 0.765 4，平均值为 0.423 1。这些种质分为 3 个组：第 1 组由新几内亚岛的 5 个种质；第 2 组包括 4 个波利尼西亚种质；第 3 组有 5 个由南太平洋确定的所罗门岛种质。

四、椰子种间多样性与亲缘关系分析

在以往对椰子种质资源的收集和评价中，普遍使用了基于农学和形态学分类的考察标准。这些分类标准目前看来已经是一个极其耗时、低效的评价方法，其只能提供较为简单的品种特征。分子标记是检测种质资源遗传多样性的有效工具之一，分子水平的数据可以反映物种的系统演化、物种与品种的亲缘关系和分类，比传统的方法更能反映物种间的遗传多样性。

Teulat等（2000）利用SSR和AFLP标记技术研究31份椰子的资源多样性，结果发现AFLP标记技术能较清晰地将椰子群体分为4个亚群，而SSR标记技术可对椰子群体间的多态性进行有效分析。Perera等（2000）利用8对SSR引物对75份高种椰子和55份矮种椰子进行遗传多样性分析，结果发现130份椰子可代表全世界94种椰子生态型。Lebrun等（2001）首次利用AFLP和SSR DNA标记技术构建高种椰子的遗传图谱，结果表明，该图谱由73个AFLP标记和34个SSR标记构成的6个连锁群。Meerow等（2003）应用15个SSR微卫星DNA位点研究8个椰子品种的遗传多样性，结果表明，马来高种椰子具有相对丰富的多样性。Manimekalai等（2006）应用ISSR分子标记技术将33份椰子资源分为3个亚群，结果表明，这3个亚群的遗传多样性较为丰富，各群体间的遗传变异较小，可作为重点保护的群体。李和帅等（2008）利用RAPD标记技术将3个品种的67份椰子样本分为7个亚群，结果表明，红椰的遗传多样性最为丰富，其次为黄椰，海南本地高种的多态性相对最低。Saraka等（2013）采用15对SSR多态性引物对8个品种的130份椰子种质进行亲缘关系分析，聚类分析表明在相似系数为0.567处将所有130份样本归为5类，其中8份南太平洋高种椰子与其他供试样本未聚在一支，表明亲缘关系较远，可为杂交育种提供亲本。贺熙勇等（2014）利用ISSR分子标记技术对在云南收集的60份椰子的遗传多样性进行了分析，发现云南椰子种质具有较高的遗传多样性。Rajesh等（2015）采用SCoT分子标记技术分析10个高种椰子和13个矮种椰子的遗传多样性，结果表明，23 对引物共扩增出 73 条 DNA 片段，其中 66 条具有多态性，23 份椰子资源的遗传系数为 0.37 ～ 0.91，SCoT 标记能够有效分析椰子种质的遗传多样性。Loioia 等（2016）利用 SSR 分子标记技术分析东南亚高种椰子及南太平洋矮种椰子的遗传结构，结果表明，东南亚高种椰子的遗传多样性相对丰富。

Maurice 等（2016）利用 15 个 SSR 引物对肯尼亚沿海地区的 48 个椰子个体间的遗传多样性和亲缘关系进行分析。基因多样性值范围从 0.040 8 到 0.486 1，平均值为 0.283 9，多态性信息含量（PIC）值范围从 0.040 0 到 0.368 0，平均值为 0.234 8。标记 CAC23 的 PIC 值最高，它的遗传多样性最高。分析分子变异性表明在这些个体之间的变异率为 98%，而聚类分析发现 48 个椰子个体可以分成 3 组。Geethanjali 等（2017）采用 SSR 分子标记技术分析 79 份椰子种质的遗传多样性及群体结构，结果表明，遗传系数范围为 0.149 ～ 0.785，遗传多样性较为丰富，且通过聚类分析将供试材料分为 2 个亚群，第 1 亚群主要是高种椰子，第 2 亚群主要是矮种椰子。周丽霞等（2018）利用 31 对多态性 SSR 引物分析 26 份椰子种质的遗传多样性及亲缘关系（图 5-2，见彩色图版），结果发现 31 对多态性 SSR 引物扩增了 105 个等位基因，平均每对引物扩增 3.4 个，各引物间 P 值变化范围为 30.77% ～ 84.62%，平均为 63.28%；多态信息量（PIC）变化范围为 0.159 6 ～ 0.801 5，平均为 0.495 8。26 份材料的平均 I=0.386 1、Nei=0.289 0、Ho=0.244 2、He=0.337 0、P=30.15%，其中马哇、小黄椰及越南红椰的 I、Nei 及 P 最高，分别为 0.550 1、0.371 1 及 38.71%，云南 - 海 74 的 I、Nei 及 P 最低，分别为 0.209 5、0.158 3 及 19.35%。云南 34021 和云南 34007 这 2 份种质间的遗传距离最小，为 0.206，三亚红椰 -3 和云南 34024 之间的遗传距离最大，为 1.513。聚类分析结果表明，在遗传距离 0.470 处，26 份椰子种质被分为 4 个群体

（图 5-3），其中红矮、越南马可波罗、马哇及越南高种视为一个群体，其余 22 份为一群体。该结果表明，供试的 26 份椰子种质样本间的遗传多态性丰富，物种间亲缘关系较远，可为遗传育种提供亲本材料。

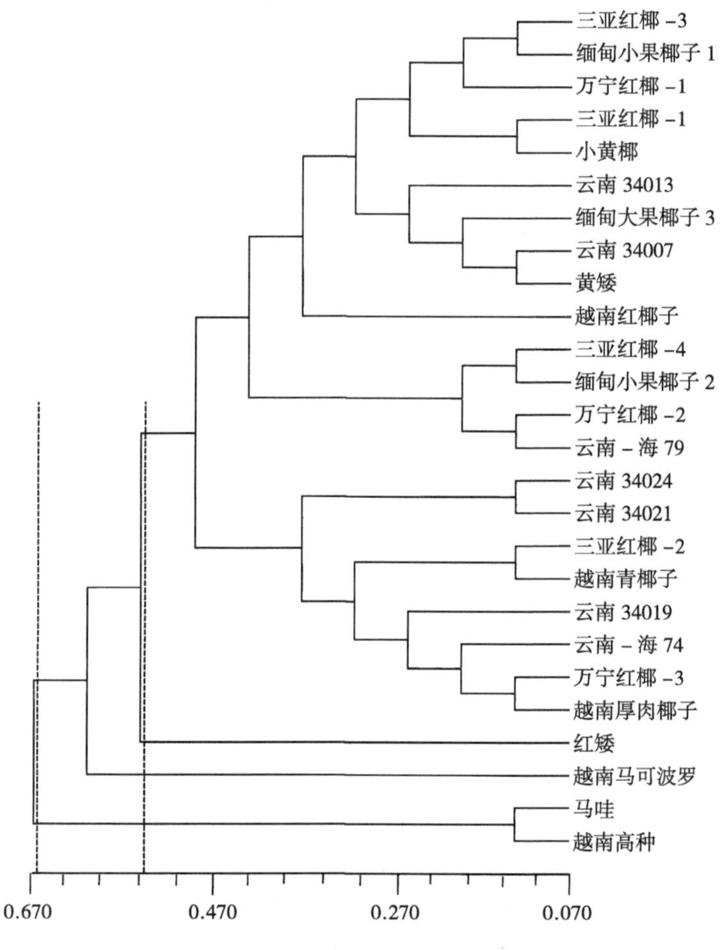

图 5-3　26 份椰子种质的聚类分析结果

第二节　SSR 标记对椰子演化的研究

一、研究背景及意义

椰子的起源中心从西南亚延伸到美拉尼西亚。然而，它被证明在哥伦布发现新大陆前存在于美国的太平洋海岸。这引出了椰子如何、什么时候和从哪里到达美国的问题。Baudouin 等（2014）利用分子标记研究将哥伦布发现新大陆前的椰子与菲律宾的椰子联系在一起，而不是其他太平洋地区，特别是波利尼西亚的椰子。这样排除了海洋洋流自然传播的可能性。他们的研究结果证实了在厄瓜多尔发现的与东南亚椰子栽培有关的一系列椰子文物的解释。因此，椰子似乎在大约在距今 2 250 年前由菲律宾的南太平洋群岛的航海家带到厄瓜多尔的。Baudouin 等（2014）利用 30 个 SSR 标记对 11 个地区的椰子进行基因型分析，发现 1 215 个椰子中有 104 个巴拿马高种，选择没有被遗传污染的 54 个椰子和 80 个高种椰子，通过微卫星位点，发现菲律宾与巴拿马椰子相似系数最高，与波利尼西亚相似系数最小，比较分析波利尼西亚和菲律宾 30 个位点的相似系数，有 1/3 的位点相对于巴拿马高种菲律宾有较高的基因频率，而波利尼西亚缺失或罕见。对于其他地区，墨西哥的相似系数接近菲律宾，基于遗传相似性，墨西哥起源将会是一个合理的替代，但历史因素表明，墨西哥椰子和巴拿马椰子之间的遗传关系源于他们的共同祖先菲律宾椰子。

Loiola 等（2016）采用 25 个 SSR 引物对巴西的两个高种椰子种群与 7 个世界其他地区收集的椰子种群的多样性及亲缘关系进行分析。其中 19 个引物存在多态性，每个位点有 4 到 10 个等位基因，平均值为 6.57。伦内尔岛高种（RIT）椰子间的预期观测杂合度在 0.25 ～ 0.40 之间，而波利尼西亚高种（PYT）之间是 0.54 ～ 0.62。根据遗传结构分析这些椰子可分为 5 个组：第 1 组是巴西高种包括普拉亚多海高种、Merepe 高种（BRTMe）和西非高种（WAT）；第 2 组包括马来西亚高种（MLT）；第 3 组是 RIT；第 4 组是瓦努阿图高种（VTT）；第 5 组（罗图马岛高种（RTMT）、Tonga Tall（TONT）和 PYT）。基于最临近的方法检测的聚类图形成 2 个主要的种群和 5 个亚群，表明这些群体的遗传关系起源于他们的原产地。分析表明巴西收集的种质和非洲收集的种质之间以及东南亚和南太平洋种质之间的遗传关系证实他们有共同的起源。

二、椰子分类地位的研究

Gunn 等（2011）调查了椰子的驯化历史和群体的遗传结构，因为它涉及人类的传播模式。他们采用 10 个 SSR 标记对代表这一物种地理和表型多样性的 1 322 个椰子种质进行分析。贝叶斯分析揭示了两个高度遗传分化的亚群，对应于太平洋和印度洋大西洋盆地。这种模式表明尽管全球范围内人类长期的种植和传播使得群体结构发生持续不断的发生变化，但在这两个世界地区的椰子种植的独立起源，太平洋椰子显示特有的遗传结构对应的表型和地理群；而且，这一特征仅仅出现在太平洋种群中，与人类栽培选种（矮种，自花授粉及“niuvai”果实形态）密切相关。显示太平洋和印度洋之间的椰子遗传杂交主要发生在印度洋西南部。这种模式是与人类沿着古代的马达加斯加到东南亚的贸易路线引种太平洋椰子的介绍一致。非洲东部沿海地区的杂交种椰子也反映了后来历史性的阿拉伯沿着印度洋海岸线的贸易变迁。我们提出两个椰子栽培的地理起源中心：东南亚大陆和印度次大陆的南部边缘。

从栽培品种分析鉴别有野生种椰子、栽培种椰子之分，栽培种中有高种椰子、矮种椰子和杂交椰子之分。高种椰子系目前世界上最多的商品性椰子。植株高大，可高达 20 m 以上，基部膨大，树冠叶高达 30 ～ 40 片，植后 6 ～ 8 年结果。先开雄花，后开雌花，异花授粉，果较大，椰干质优，含椰子油率高。

高种椰子按叶片和果实的色泽分红椰和青椰；按果实形状和大小又分为大圆果、中圆果和小圆果 3 个类型。①大圆果，单果重 2 400 g，椰肉（胚乳）重 500 ～ 630 g，椰水（液体胚乳）重 750 ～ 1 200 g，果实圆或椭圆形，产量低，栽培少。②中圆果，单果重 1 800 ～ 2 000 g，椰肉重 400 ～ 450 g，椰水重 400 ～ 450 g，果实圆或椭圆形，产量中等，栽培较多。③小圆果，单果重 1 000 ～ 1 500 g，椰肉重 250 ～ 300 g，椰水重 250 ～ 300 g，果实圆形，产量高，栽培少。

矮种椰子植株较矮小，茎干基部不膨大，定植后 3 ～ 4 年开花、结果，产量高，但果较小，椰干质较差，含油率低，不宜生产椰油。椰肉软，味甜，椰水风味佳。雌雄同序，花期相同，自花授花。矮种椰子以叶片和果实颜色分：红矮、黄矮和绿矮 3 大类型。

为了提高杂交种椰子的产量，科研工作者进行了长期的杂交育种。①马哇，系西非高种 × 马来矮种杂交的第一代，生长快、长势旺、早熟，平均单株产量 100 多个。②文椰 78F1，系海南高种 × 马来矮种杂交的第一代。生长快，早熟，定植后 3 ～ 4 年开花、结果，产量较高，果较大，抗风、抗寒，是生产潜力较大的新品种。

三、SSR 标记对椰子演化的研究

（1）在众多的分子标记技术中，SSR 以其高稳定性、高多态性、共显性、标记带型简单以及覆盖整个基因组等特点被国际椰子种质资源网（Coconut Genetic Resources Network，COGENT）定为椰子种群遗传多样性分析中首选的分子标记方法，且已被广泛应用于全球不同椰子分布区域（包括东南亚、非洲和太平洋地区等）之间种群遗传多样性分析和评价。

Athauda 等（2015）采用 8 对微卫星引物对 33 个斯里兰卡高种椰子进行试验，试图为将后收集椰子品种或选择亲本进行育种提供理论依据。他们共检测到约 56 个等位基因，每个引物有 3 ～ 10 个等位基因，平均每个位点有 7 个等位基因。他们检测到较高的遗传多样性，由 Debarayaya 种群的 0.526 到 Dickwella 种群的 0.683。只有 4 个引种的椰子种 Clovis、Margeret、Dickwella、Mirishena 以及 1 个胚培养的品种很清晰地从系统进化树中区分出来。Manimekalai 等（2018）利用 SSR 标记分析了 33 个从南亚（SA）、东南亚（SEA）、南太平洋（SP）、大西洋、美国和非洲等各椰子种植区收集的椰子种质的亲缘关系。45 个随机引物共产生多态性标记 399 个。多态信息含量（PIC）范围从 0.031 到 0.392，这些引物的标记指数（MI）介于 6.28 ～ 0.031。随后基于 399 个多态性标记的相似性模型来构建系统进化树来分析这些种质之间的遗传关系。这些材料的相似值介于 0.573 ～ 0.846。南太平洋地区和东南亚地区的相似度最小，其中南太平洋地区的又低于东南亚地区的，而南亚椰子的平均相似度系数要比南太平洋和东南亚的高，说明南亚椰子种质资源的多样性相对较小。Lantican 等（2019）利用 SSR 标记法从 45 个随机引物中选取 13 个表达引物，对 30 个椰子品种进行遗传分析，获得的多态性基因型与选定的多态 RAPD 标记显示不同的变异为 67.33%，13 个引物的平均多态信息含量（PIC）值是 0.29，最大和最小值是 0.46 和 0.17，引物分别是 OPF-19 和 OPH-25，RAPD 分析得到的结果和早期研究结果一致。用 UPGMA 聚类分析法将这些椰子进行聚类分析得到 2 个集群，第 1 个集群包含 1 个矮种 WCGC 08，第 2 个集群包含其余 29 个椰子品种，结果表明集群模式没有任何地理的亲和力。Perera 等（2000）利用 19 个引物产生的 199 个 SSR 标记对从全球椰子在国际资源库收藏的 29 个高种、2 个中间型、2 个矮种共 33 个椰子进行分析，其中 154 个标记具有多态性（77%）。33 个椰子的 199 个 ISSR 标记相似系数范围是 0.526 到 0.855，平均为 0.674。33 个椰子品种可以形成 528 对组合，尼日利亚高（NIT）和巴拿马高（PNT）相似性指数最高（0.855），而 chowghat 橙色矮种（COD）和尼科巴高（NICT01）相似性指数最低（0.526）。在东南亚平均一对相似性指数达到 0.737，南太平洋南亚和大西洋分别 0.687 和 0.638。系统树图显示聚集为 6 个集群，大部分高种椰子集中在 3 个集群。系统树图和主坐标图显示，东南亚椰、南亚椰和南太平洋椰形成独立的分组，这些分组和通常椰子从其起源的中心的传播模式一致。

（2）分子标记辅助育种即通过对椰子重要性状的分子标记的研究，筛选出与性状紧密连锁的遗传标记，对目标基因进行直接选择，在早期进行准确、稳定的选择，可提高选择的准确性和育种效率。

人工授粉通常使用在非洲和印度洋国际椰子资源库的老化椰子再生，但这个过程的有效性尚未得到评估。Ribeiro 等（2010）应用 15 个 SSR 标记对 3 个高种椰子，莫桑比克高种（MZT）、加泽尔半岛高种（GPT）和塔希提岛高种（THT）子代样本（G1）和父母本（G0）之间的相似之处进行分析。15 个 SSR 引物产生 123 个等位基因，平均基因多态性为 0.734，在再生的基因多样性相对减少，它从 0.690 下降到 0.587，但是发现高种椰子子代和父母之间 Jaccard 变异指数较低，从 0.072 到 0.133 不等。记录下来 G0 ~ G1 高种椰子的遗传多样性值较低（DST），从 0.005 到 0.007，世代和高种椰子之间的平均基因歧异值为 0.11，范围是 0.072 ~ 0.133。因此，对基因库使用人工授粉技术的再生方法可有效满足保护登记入册的原始椰子的遗传完整性。

（3）不同的 DNA 标记系统已经用于评估椰子的遗传多样性，分子标记产物的多态性可以反映测试材料的多样性，为种质资源的研究提供了方便。

Rajesh 等（2015）利用一个简单新颖的标记系统以其密码子多态性（SCoT）来评估椰子，作为一个潜在的标记系统。用 SCoT 标记评估 23 个代表不同地理区域的椰子（10 个高种和 13 个矮种）的遗传多样性。从 25 个 SCoT 引物中筛选了 15 个引物进行下一步研究，共得到 102 个记录片段，其中 87.2% 具有多态性，应用软件 NTSYS-pc2.0 进行数据分析，结果发现相似系数值介于 0.37（CCNT 和 KTOD）和 0.91（MYD 和 MOD）之间。用 UPGMA 法构建系统树图，得到两个集群，高种和矮种椰子的划分很明显，一般来说椰子在同一地理区域的聚集在一起。根据 SCoT 观察分析椰子遗传多样性与早些时候使用其他标记系统的结果相差无几。

Margarita 等（2018）利用 Meerow 等（2003）先前研究的 15 个 SSR 标记分析大西洋高种和巴拿马高种两个高种的异型杂交。结果表明每个位点上等位基因数范围从 2 ～ 14，而平均基因多样性从 0.035 到 0.546 不等。多态信息含量（PIC）值的范围从 0.091 到 0.838，平均为 0.531，平均等位基因丰富度范围从 1.01 到 1.90。用两种聚类方法 NJ 和 UPGMA 判断品种间的亲缘关系，生成的系统树结果表明有部分一致，也有部分显著差异。

高种椰子在 1553 年从佛得角群岛引入巴西，至今已有 400 多年的历史。Ribeiro 等（2010）评估了巴西高种椰子种群内的遗传多样性。他们收集了 10 种群共 195 份椰子样本，并进行遗传多样性分析。通过调查发现 13 个简单重复序列（SSR）位点具有遗传多样性。共获得 68 个等位基因，每个位点有 2 ～ 13 个等位基因，平均为 5.23。基因多样性（H_e）和观察杂合度（H_o）的平均值分别为

0.459 和 0.443。种群间的遗传分化估计 *P*=0.160 0，估计显性远交率为 t（a）=0.92。种群间的遗传距离约从 0.034 到 0.390 不等。遗传距离和相应的聚类分析表明 2 个种群的构成：第 1 组由台湾的 Baia、Georgino Avelino，和 São José do Mipibu 种群组成；第 2 组是由 japoatã、帕卡图巴和普腊亚复地的种群组成。遗传距离和地理距离之间的相关矩阵为 1%。由此可见，地理位置上邻近的椰子种群表现出更大的相似性。Perumpuli 等（2014）使用 16 个 SSR 标记来鉴定斯里兰卡椰子研究所（CRISL）的种质圃中迁地保护的 43 份椰子种质的遗传关系。结果表明，该 16 个 SSR 标记可清楚地揭示了斯里兰卡椰子种群的遗传关系。通常高种椰子和太平洋高种椰子中的基因多样性和多态信息含量（PIC）比自花授粉的矮种椰子高。椰子群体主要的遗传差异在于高矮。这些已被用于椰子改良方案，研究强调需要通过异国引种来丰富基因库。总体结果也验证了这样一个假设，即椰子从远东地区通过美国传播到印度大西洋地区。

几个世纪以来印度种植了很多不同的椰子种类，根据可辨别的形态特征，地理位置和农民的选择而确定。通过从世界其他主要椰子种植地区的引进，丰富了印度椰子种质。Nguyen 等（2015）使用微卫星标记评估了一系列椰子种质的遗传多样性及其与其他主要椰子品种的关系。微卫星测定用于 21 个印度种（15 个高种和 6 个矮种）和 24 个外来引进种质（18 个高种和 6 个矮种）。通过使用 8 个微卫星引物（每个基因座平均 6 个等位基因），在印度种质中检测到总共 48 个等位基因。在印度种植中检测到的等位基因多于外源性等位基因，表明在印度椰子种质中存在广泛的等位基因。平均基因多样性从“Chowghat green dwarf”的 0.00 到“Lakshadwee”的 0.59，平均值为 0.32。种群内部变化（53%）略高于种群间变异（47%）。UPGMA 树状图将印度种质分为 2 组，一组东南亚品种，另一组是非洲和斯里兰卡品种。

微卫星或简单序列重复（SSR）在真核基因组中较为丰富，且显示出高水平的多态性。微卫星 DNA 通常具有在相关物种中高度保守的侧翼区，这使得在一个物种中设计的引物可用于扩增相关基因组中相同的 DNA 区域，从而最小化繁琐的克隆和筛选步骤。

参考文献

傅国华 , 2011. 中国椰子种质资源研究综述 [J]. 安徽农业科学 , 39 (1): 439-442.

贺熙勇 , 高世德 , 张阳梅 , 等 , 2014. 云南椰子种质资源遗传多样性的 ISSR 分析 [J]. 中国农学通报 , 30 (1): 157-162.

李和帅 , 李辉亮 , 范海阔 , 等 , 2008. 椰子种质资源 RAPD 标记研究中的引物筛选 [J]. 安徽农业科学 , 36 (26): 11245-11247.

柳晓磊 , 汤华 , 李东栋 , 等 , 2008. 海南椰子栽培品种的 SSR 标记分析 [J]. 园艺学报 , 35 (8): 1199-1204.

罗意 , 2013. 椰子 Genic-SSR 标记的开发及椰子种质资源的遗传评估 [D]. 海口 : 海南大学 .

吴翼 , 2008. 椰子 SSR 分子标记的开发 [D]. 海口 : 海南大学 .

吴翼 , 李静 , 杨耀东 , 2017. 椰子 SSR 分子标记筛选 [J]. 安徽农业科学 , 45 (17): 119-121.

易小平 , 王家保 , 易运智 , 2004. 海南椰子 2 种新类型 [J]. 热带作物学报 , 25 (4): 18-24.

周丽霞 , 曹红星 , 2018. 椰子种质资源遗传多样性的 SSR 分析 [J]. 南方农业学报 , 49 (9): 1683-1690.

朱巧 , 邓欣 , 张树冰 , 等 , 2018. 黄精属 6 种植物的 SSR 遗传差异分析 [J]. 中国中药杂志 , 43 (14): 2935-2943.

Athauda L K, Wickremasinghe A R, Kumarendran B, et al., 2015. An ecological study for Sri Lanka about health effects of coconut [J]. Ceylon Med J, 60 (3):

97-99.

Bahder B W, Bartlett C R, Barrantes E A B, et al., 2019. A new species of Omolicna (Hemiptera: Auchenorrhyncha: Fulgoroidea: Derbidae) from coconut palm in Costa Rica and new country records for Omolicna brunnea and Omolicna triata [J]. Zootaxa, 4577 (3): 501-514.

Baudouin L, Gunn B F, Olsen K M, 2014. The presence of coconut in southern Panama in pre-Columbian times: clearing up the confusion [J]. Ann Bot, 113 (1): 1-5.

Galvão A S, Gondim M G, Moraes G J, 2011. Life history of Proctolaelaps bulbosus feeding on the coconut mite Aceria guerreronis and other possible food types occurring on coconut fruits [J]. Exp Appl Acarol, 53 (3): 245-252.

Gunn B F, Baudouin L, Olsen K M, 2011. Independent origins of cultivated coconut (*Cocos nucifera* L.)in the old world tropics [J]. PLos One, 6 (6): e21143.

Harries H C, 2012. Germination rate is the significant characteristic determining coconut palm diversity [J]. AoB Plants (28): 1109-1117.

Kumar S N, 2011. Variability in coconut (*Cocos nucifera* L.)germplasm and hybrids for fatty acid profile of oil [J]. J Agric Food Chem, 59 (24): 13050-13058.

Kumar S N, Bai K V, Rajagopal V, et al., 2008. Simulating coconut growth, development and yield with the InfoCrop-coconut model [J]. Tree Physiol, 28 (7): 1049-1058.

Laidre M E, 2018. Coconut crabs [J]. Curr Biol, 28 (2): 58-60.

Lantican D V, Strickler S R, Canama A O, et al., 2019. De Novo Genome Sequence Assembly of Dwarf Coconut (*Cocos nucifera* L. 'Catigan Green Dwarf') Provides Insights into Genomic Variation between Coconut Types and Related Palm Species [J]. G3, 9 (8): 2377-2393.

Lebrun P, Baudouin L, Bourdeix R, 2001. Construction of a linkage map of the Rennell Island Tall coconut type (*Cocos nucifera* L.) and QTL analysis for yield characters [J]. Genome Ottawa, 44 (6): 962-970.

Lebrun Y, 2005. Gerstmann's Syndrome [J]. Journal of Neurolinguistics, 18 (2): 317-326.

Li J, Guo H, Wang Y, 2018. High-throughput SSR marker development and its application in a centipedegrass (Eremochloa ophiuroides (Munro)Hack.)genetic diversity analysis [J]. Plos One, 13 (8): e0202605.

Lima E B, Sousa CN, Meneses L N, et al., 2015. *Cocos nucifera* (L.) (Arecaceae): A phytochemical and pharmacological review [J]. Braz J Med Biol Res, 48 (11): 953-964.

Loioia C M, Azevedo A O, Diniz L E, 2016. Genetic relationships among tall coconut palm accessions of the international coconut genebank for Latin America and the Caribbean (ICG-LAC), evaluated using microsatellite markers (SSRs) [J]. Plos One, 11 (3): e0151309.

Lu B, Peng Z, Lu H, et al., 2020. Inter-country trade, genetic diversity and bio-ecological parameters upgrade pest risk maps for the coconut hispid Brontispa longissimi [J]. Pest Manag Sci, 76 (4): 1483-1491.

Margarita L, Gualit B F, Olsen F M, 2018. The presence of coconut in southern Panama in pre-Columbian times: clearing up the confusion [J]. Ann Bot, 113 (1): 1-5.

Manimekalai R, Nagarajan P, 2006. Assessing genetic relationships among coconut accessions using inter simple sequence repeat markers [J]. Scientia Horticulturae, 108 (1): 49-54.

Manimekalai R, Nair S, Naganeeswaran A, et al., 2018. Transcriptome sequencing and de novo assembly in arecanut, *Areca catechu* L elucidates the secondary metabolite pathway genes [J]. Biotechnol Rep (17): 63-69.

Maurice P I, Perera L, Hocher V, et al., 2016. Use of SSR markers to determine the anther-derived homozygous lines in coconut [J]. Plant Cell Rep, 27 (11): 1697-

1703.

Mauro-Herrera M, Meerow A W, Borrone J W, et al., 2007. Ten informative markers developed from WRKY sequences in coconut (*Cocos nucifera*) [J]. Molecular Ecology Resources, 6 (3): 904-906.

Meerow A W, Wisser R J, Brown S, 2003. Analysis of genetic diversity and population structure within Florida coconut (*Cocos nucifera* L.) germplasm using microsatellite DNA, with special emphasis on the Fiji Dwarf cultivar [J]. Theor Appl Genet, 106 (24): 715-726.

Mitema A, Okoth S, Rafudeen M S, 2018. Vegetative compatibility and phenotypic characterization as a means of determining genetic diversity of Aspergillus flavus isolates [J]. Fungal Biol, 122 (4): 203-213.

Nguyen Q T, Bandupriya H D, López-Villalobos A, et al., 2015. Tissue culture and associated biotechnological interventions for the improvement of coconut (*Cocos nucifera* L.): a review [J]. Planta, 242 (5): 1059-1076.

Perera L, Russel J R, Provan J, 2000. Use of microsatellite DNA markers to investigate the level of genetic diversity and population genetic structure of coconut (*Cocos nucifera* L.) [J]. Genome, 43 (31): 15-21.

Perumpuli P A, Watanabe T, Toyama H, 2014. Identification and characterization of thermotolerant acetic acid bacteria strains isolated from coconut water vinegar in Sri Lanka [J]. Biosci Biotechnol Biochem, 78 (3): 533-541.

Rajesh M K, Sabana A A, Rachana K E, et al., 2015. Genetic relationship and diversity among coconut (*Cocos nucifera L.*)accessions revealed through SCoT analysis [J]. Biotech, 5 (6): 999-1006.

Ribeiro F E, Baudouin L, Lebrun P, et al., 2010. Population structures of Brazilian tall coconut (*Cocos nucifera* L.) by microsatellite markers [J]. Genet Mol Biol. 33 (4): 696-702.

Rivera R, Edwards K J, Barker J H, et al., 1999. Isolation and characterization of polymorphic microsatellites in *Cocos nucifera* L. [J]. Genome, 42 (4): 668-675.

Roopan S M, 2016. An Overview of phytoconstituents, biotechnological applications, and nutritive aspects of coconut (*Cocos nucifera*) [J]. Appl Biochem Biotechnol, 179 (8): 1309-1324.

Saensuk C, Wanchana S, Choowongkomon K, et al., 2016. De novo transcriptome assembly and identification of the gene conferring a "pandan-like" aroma in coconut (*Cocos nucifera* L.) [J]. Plant Sci (252): 324-334.

Saraka D M, Konan J L, 2013. Assessment of the genetic diversity conservation in three tall coconut accessions regenerated by controlled pollination, using microsatellite markers [J]. African Journal of Biotechnology, 12 (20): 2808-2815.

Serrana J M, Ishitani N, Carvajal T M, et al., 2019. Unraveling the Genetic Structure of the Coconut Scale Insect Pest (Aspidiotus rigidus Reyne) Outbreak Populations in the Philippines [J]. Insects, 10 (11): 374.

Teulat B, Aldam C, Trehin R, 2000. An analysis of genetic diversity of the coconut (*Cocos nucifera* L.)population from across the geographic range using sequence-tagged microsatellite (SSRs)and AFLPs [J]. Theor Appl Genet, 100 (13): 764-771.

Vongvanrungruang A, Mongkolsiriwatana C, Boonkaew T, et al., 2016. Single base substitution causing the fragrant phenotype and development of a type-specific marker in aromatic coconut (*Cocos nucifera*) [J]. Genet Mol Res, 15 (3): 2205-2213.

Yorisue T, Iguchi A, Yasuda N, et al., 2020. Evaluating the effect of overharvesting on genetic diversity and genetic population structure of the coconut crab [J]. Sci Rep, 10 (1): 10026.

第六章　椰子 DNA 分子标记的研究现状及应用前景

第一节　椰子主要性状相关标记的研究现状

遗传标记通过遗传作图最初用于确定基因在染色体上的顺序和位置，1913 年 Sturtevant 首次在果蝇中采用了 6 个形态学性状完成了第 1 张遗传图谱，随后，Sax 等（1923）在大豆的研究中利用遗传标记提出质量 / 数量性状（种子颜色和种子大小）位点的遗传连锁。如今，遗传标记被广泛应用于高等植物的基础生物学、育种、基因分离、分子辅助育种及品种保护等方面的研究。遗传标记的类型也从最初的形态学标记发展到现在的 DNA 分子标记。尽管形态学标记比较直观，其受环境的影响较大，数量有限，并且有些性状须到植物发育后期才能完成标记，再加上基因多效性引起的形态标记之间互作影响等不利因素，使得形态学标记的应用受到了很大限制。DNA 分子标记是以个体间核苷酸序列变异为基础的遗传标记，直接在 DNA 水平上检测生物个体之间的差异，是生物个体在 DNA 水平上遗传变异的直接反映。

随机 DNA 分子标记基于基因组中随机多态性位点开发而成，目的基因连锁标记基于基因与基因之间的多态性开发而成，而功能性分子标记基于功能基因基序（motif）中功能性单核苷酸多态性（SNP）位点开发而成。随机 DNA 分子标记（RDM）与目的基因分子标记（GTMs）的开发是不依赖于表型，而基于功能基因基序中单核苷酸多态性位点开发而来的。来源于功能基因的分子标记在植物育种、生物多样性及遗传研究中已经开始应用，例如“功能标记”“目的基因标记”“诊断标记”等名词的出现，但都没有明确提出“功能性分子标记”的概念。Andersen 和 Lübberstedt 在 2003 年最早定义了功能性分子标记的概念，即与表型相关的功能基因基序中功能性单核苷酸多态性位点开发而成的新型分子标记，功能性分子标记又可以分为直接类型功能性分子标记（Direct functional maker，DFM）和间接性类型功能性分子标记（Indirect functional marker，IFM）。表 6-1 中比较了不同类型分子标记的 DNA 来源、多态性位点的功能、功能序列的分析方法、标记开发的费用及标记的有效性等特点，从表 6-1 中可以看出功能性分子标记由于其完全关联功能性基序，在应用上比 RDMs 和 GTMs 更具有优越性。相对于 RDMs 和 GTMs，FMs 可以不用首先对世代群体作图而直接利用，因此也避免了由于重组引起的遗传信息的丢失，可以更好地表现自然群体或者育种群体的遗传变异。总的来说，FMs 具有以下 5 个特点：① 更有效地固定群体中的等位基因。② 有助于控制平衡选择。③ 有助于筛选自然群体及育种群体中的等位基因。④ 在育种中有助于组合影响相同或不同性状的等位 FM。⑤ 有助于构建连锁的 FM 单倍型。

表 6-1　不同类型分子标记的比较

标记类型	DNA 序列来源	多态性位点功能	分析方法	标记开发费用	标记的有效性
RDM	未知	未知	—	低	低
GTM	基因	未知	—	低	中
IFM	基因	功能基序	关联分析	中	高
DFM	基因	功能基序	近等基因	高	高

注：RDM—随机 DNA 分子标记；GTM—目的基因分子标记；IFM—间接类型功能性分子标记；DFM—直接类型功能性分子标记。

一、抗病性遗传育种

椰子产量和质量均深受病害的影响，导致其减产甚至绝产。选择经济有效的防治方法显得尤为重要。根据快速检测椰子病害的技术，建立其体系，保留品种体系中有价值的部分，是培育抗病品种的有效方法。分子标记能够反映出 DNA 遗传多样性和生物种群内及种群间基因组差异的特异性，它能够快速筛选植物的遗传资源，并对其抗病性进行鉴定，提高抗病育种效率。

椰子瘿螨（*Aceria guerreronis* Keifer）现已成为印度椰子种植和加工产业的主要威胁。化学和生物防治的费用比较高、效果差而生态防治又不方便。种植抗瘿螨品种是最有效的防治途径。Shalini 等（2007）采用 32 个 SSR 和 7 个 RAPD 多态性引物对印度南部抗螨和易感螨基因型椰子品种进行分析。发现 9 个 SSR 和 4 个 RAPD 标记与抗螨紧密关联，在对 RAPD 数据的多元回归分析中发现有 3 个关联标记可以鉴定 83.66% 的椰子材料具有抗螨性。而结合 RAPD 和 SSR 数据的多元回归分析发现 5 个关联标记可以鉴定所有椰子材料的抗螨性。

致死性黄化病是椰子种植面临的问题之一。在流行地区进行的试验表明，瓦努高图高种椰子和斯里兰卡绿色矮种椰子相对比较抗病，而非洲西部高种椰子容易受到黄化病的侵害。Konan 等（2007）使用 12 个微卫星标记评估这些耐受性基因型与易感基因型之间的遗传差异。这项工作旨在使用识别的材料作为参考，选择合适的亲本进行基因作图研究。在 12 个微卫星位点中检测到 58 个等位基因。等位基因数目变化范围为 3 ～ 7，平均为 4.83 个等位基因。F_{st} 指数显示，总等位基因变异的 59.70% 说明了此三种种质之间的差异。易感致死性黄化病的非洲西部的基因型与两种耐受性种质的基因型相比，遗传基因较少。这种分化是基于三个种质中共有等位基因的特异性等位基因和频率变化。这种分子类型学作为椰子遗传资源大分子筛选和为抵御致死性黄化病遗传作图确定合适的亲本。

Cardena 等（2003）筛选用来标记椰子致死黄化病害的 RAPD 标记，材料选用易感 LY 的非洲西部高种椰子，抗 LY 品种马来半岛黄色矮种椰子和大西洋地区高种椰子。其中 82 个 RAPD 引物可以区分马来半岛黄色矮种椰子和非洲西部高种椰子，其中的 12 个引物在马来半岛黄色矮种中出现频率大于 85%，在非洲西部高种中出现的频率小于 15%，还发现 5 个引物（B4、A11、B11、AL3 及 AL7）在大西洋高中椰子出现的频率为 80% ～ 100%。其试验结果为今后 RAPD 技术应用于椰子的致死黄化病害防治研究奠定了基础。

Yaima 等（2014）对科特迪瓦大拉乌地区出现的椰子树致死性黄化病症状和感染植原体进行植原体病原体 16S rRNA 基因的特征分析。测试的 17 个椰子中 7 个有植原体病原体 16S rRNA 基因的样本均患有致死性黄化病，而未受感染的无症状的个体无任何 DNA 扩增。检测到的感染致死性黄化病的大拉乌椰子树（KC999037）植原体的 16srDNA 序列与加纳 16SrXXII 群组的致死性黄化病病原体有 99% 的序列有一致性。16S rDNA 的虚拟和实际序列 RFLP 和系统发育树分析表明大拉乌植原体与科特迪瓦致死性黄化病均被命名为 16SrXXII-B，是组群 16SrXXII 的子群。

Upadhyay 等（2004）用 8 对高多态性的 RAPD 引物扩增 81 份椰子材料（包括 20 个种质，其中 15 是印度本地种，5 个取自其他国家）的 DNA。8 个引物共检出 77 个多态性标记，平均每对引物可获得 9.6 条多态性条带。本地种质的遗传多样性介于 0.057 ～ 0.196。通常，高种存在更大的杂合性，同样具有高的多态性及遗传多样性。本地种和它们之间的多样性分别为 0.58 和 0.42，这可以解释变异率的比例。外国引种表现出更大的变异性。

Teulat 等（2000）用 SSR 和 AFLP 对 14 椰子种群的 31 个个体的遗传多样性进行分析，39 对引物中只有 2 个没有多态性，剩余的 37 个 SSR 引物分析这 14 个种群得到 339 个等位基因，每个位点有 2～16 个等位基因，基因多样性范围在 0.47～0.90。4 个矮种中的 2 个在所有的 37 个位点中都是纯合的，他们是自交繁育后代。一个矮种是杂合但是其他的是异花授粉，表现出高度杂合性。一般来说多样性较高的种群从南太平洋到东南亚。3 个 SSR 位点（cnz46、cn2a5、cn11e6）在 12 个种群中均有不同基因型。非洲东部的种群比非洲西部的杂合度高。12 个 AFLP 引物分析得到 1 106 个条带，其中 303 个是多态性条带，多态率为 27%。由 SSR 和 AFLP 产生的等位基因建立的聚类分析和树状图是相似的。

Perera 等（2003）采用 12 对椰子 SSR 引物对 94 个代表了整个地区分布的椰子（51 个高种和 43 个矮种）种质的遗传多样性和遗传关系进行评估。他们观测到整个群体存在较高的遗传多样性（平均值为 0.647 ± 0.139）而其中高种为 0.703 ± 0.125，矮种为 0.374 ± 0.204。基于 DAD 遗传距离聚类图发现 94 个个体分为 2 个主要的种群，第 1 组是从东南亚、太平洋到巴拿马海岸的高种；第 2 组是所有矮种及从亚洲南部、非洲到泰国的印度洋海岸的高种。从菲律宾采样的矮种的等位基因与高种种群明显不同。此外，所有地区中太平洋的高种的遗传多样性最高（0.6 ± 0.26）且有着最高的等位基因（51 个）。

Baudouin 等（2008）利用贝叶斯群体分配方法对在牙买加种植的 4 个巴拿马高种群体进行评估。研究发现其中的 2 个群体呈现较高的杂种比例，而另 2 个群体中的基因污染程度较低。巴拿马高种是 MAYPAN 父母本授粉的杂交，通常种植在牙买加，目的是为了控制致死性黄化病。基因污染的主要的来源是易感病的牙买加高种，从而增加了 MAYPAN 后代的易感病性。

二、种质高度与育种

简单重复序列（SSR）标记为共显性标记，具有单基因座、等位基因变异多、多态性丰富、信息量大、操作简单、稳定性好、种族特异性强、进化所受选择压小等优点，现已被广泛用于评估遗传资源及辅助育种。

Xia 等（2014）利用椰子的转录组序列测定椰子基于微卫星位点基因的分布特点，开发了一系列的多态性 SSR 标记。在 57 304 个椰子转录组的 *unigenes* 基因中共鉴定到 6 608 个 SSR，大约每 10 个 *unigenes* 基因有一个表达序列标签的 SSR 位点。他们开发了 309 对引物，并在来自不同国家的 10 个椰子品种中鉴定了 191 个多态性基因的 SSR 标记。从 191 个多态性 SSR 位点共鉴定出 615 个等位基因，每个位点平均有 3.22 个等位基因。这些基于 SSR 标记表现出中等水平的多态性，观察杂合度范围在 0.180 ～ 0.695（平均值 = 0.385 ± 0.14）。随后，选择 80 个多态性标记，来测定从亚洲不同地区收集的 82 种椰子种质的基因型。关联分析发现，在选择性非结构化群体中使用一般线性模型和混合结构群体中的混合线性模型，共发现了 9 个与椰子高度相关的标记（$P<0.05$）。两种 SSR 标记（来自 Unigene 9331 和 Unigene 3350）与椰子高度显著相关。

Devakumar 等（2016）用 8 个多态性微卫星引物对印度洋群岛收集的 19 个椰子种质之间的遗传多样性进行评估。研究发现 Laccadive Micro（LMT）和 Chowghat Orange Dwarf（COD）群体之间的 F_{st} 指数较高（为 0.78），而在 Guelle Rose 高种（GLT）与斯里兰卡高种（SLT）之间的 F_{st} 值最低（0.04）。这些种质之间的 F_{st} 平均值为 0.48，表明这些种质之间的差异较大。在 Laccadive Green

Tall（LGT）和 Chowghat Orange Dwarf（COD）之间观察到遗传距离最大（2.29）。Laccadive Micro（LMT）和 Srilankan Tall（SLT）之间观察到的遗传距离最小（0.04）。总体而言，这些椰子群体内部变异数（67%）高于群体之间变异数（33%）。聚类分析将印度洋群岛的群体分为两个主要群体。对照群体 COD 形成第 1 组，其余种群构成第 2 组。第 2 组中的聚类揭示了正在研究的种质之间的关系以及该区域内椰子类型可能迁移的信息，这有助于规划未来的种质收集及保护。

黄矮椰子（SLYD）是斯里兰卡一种作为父、母本形式存在的重要椰子。虽然矮种椰子被认为是纯种，但 SLYD 显示出不典型的形态。Kamaral 等（2014）使用 10 个 SSR 标记位点来确定 15 个 SLYD 个体样本的遗传多样性类型。斯里兰卡的斯里兰卡高种（SLT）、绿矮（GD）和 Gon Thembili 高种（GT）为参照。提取基因组 DNA，进行 PCR 扩增，然后进行 6%变性聚丙烯酰胺凝胶电泳观测条带。基因型数据使用 Power Marker 软件进行分析。所有的十个标记位点都是多态的，在观测的群体中发现了更多的有意义的微卫星位点。15 个个体中共有 34 个等位基因，最少的有 1 ～ 2 个，最多的有 5 个。在 10 个标记位点共发现 22 个杂合基因位点。系统进化树显示三个 SLYD 种群，一组包括 GD，另一组包括 SLT 和 GT。观测杂合度、基因型以及等位基因多样性可以预测矮种椰子是自交纯合系。确定 SLYD 的纯度可以确保斯里兰卡亲本资源圃中椰子的遗传纯度。

第二节　椰子 DNA 分子标记及分子辅助育种技术的应用前景

一、遗传图谱的构建

利用遗传标记构建遗传图谱的一般步骤包括：选择用于作图的遗传标记；根据遗传材料的多态性确定作图群体的亲本和组合；培育具有大量遗传标记处于分离状态的群体或衍生系；作图中不同个体和品系标记基因型确定；标记之间的连锁群的构建。

1. 经典遗传图谱

经典遗传图谱构建理论基础是染色体的交换和重组。在细胞减数分裂时，非同源染色体上的基因相互独立，同源染色体上的连锁基因产生交换与重组，交换频率与基因间距离的加大而增大，因此可用重组率来揭示基因间的遗传图距，其单位用厘摩尔（centi Morgan，cM）表示，1 个 cM 的大小大致符合 1% 的重组率。

经典遗传图谱构建一般采用形态标记、细胞学标记和生物化学标记。数十年来，许多遗传学家为构建各种作物的遗传图谱进行了大量工作，并取得了一定的研究进展。但由于这些标记数量少，特殊遗传材料培育困难及细胞学工作量大，因此尽管进行了诸多作物经典图谱的构建，但事实上除少数作物（如玉米）外，还有很多作物没有一个完全的遗传连锁图。

2. 分子遗传图谱

20 世纪 80 年代以来，分子标记的迅速发展大大促进了遗传连锁图的构建进程。分子遗传图谱在比较基因组研究、基因的定位克隆、标记辅助选择、数量性状位点（Quantitative Trait Loci，QTL）

定位等研究领域都具有重要的理论和实践意义。

利用分子标记构建遗传图谱的理论基础是染色体的交换与重组。两点测验和三点测验是其基本程序，具体方法如下：以分子标记筛选 DNA 序列差异较大而又不影响后代育性的材料作为亲本，用具有多态性的分子标记检测该双亲的分离群体的单株 DNA。如是共显性标记，对同亲本 P_1 具有相同带型的个体赋值为 1，同亲本 P_2 具有相同带型的个体赋值为 3，具有 P_1 和 P_2 带型的杂合个体赋值为 2。如是显性标记，因不能区分纯合个体和杂合个体，对有谱带的个体赋值为 1（AA、Aa 或 aa、aA），谱带缺失的赋值为 3（aa 或 AA）。统计各带型的个体数，两点测验是否连锁，或从第二个标记开始，检验是否与前一个标记协同分离。因为连锁分析建立在分子标记协同分离的程度上。根据分离资料，用最大似然估计标记位点间的重组率并转换成遗传图距单位—厘摩（Centi-Morgan，cM）。然后考虑多个标记基因座位的共分离，对标记进行排列，形成线性连锁图谱。这些复杂的过程和大量的数据必须依靠计算机运算。目前已开发出了许多这方面的软件，其中 Mapmaker/exp 3.0 在植物分子连锁图谱构建中应用的最为广泛，已成为植物分子连锁图谱构建的通用软件。

二、性状关联与 QTL 定位

随着分子标记技术的发展，借助分子标记技术可以将控制重要农艺性状的基因 /QTL 定位在染色体上。通过找到与性状紧密连锁的分子标记，可实现分子标记辅助选择（Marker-assisted selection，MAS），大大加速了育种进程。到目前为止，已经定位了大量与性状相关的 QTL，但置信区间一般为 10 cM。研究表明，15 cM 的范围内可能包含有 400 个基因。在如此大的范围内，无法鉴别目标性状的表达是由单个基因还是多个基因共同作用的结果。要实现 QTL

的图位克隆，不仅要对目标基因正确定位，而且要精细到目前分子克隆技术可以操作的程度。因此讨论精细定位的原理及影响精细定位的因素不仅具有理论意义，而且也是实现定位和克隆的依据和前提。

近代分子遗传学研究发现，在某些情况下，通过分析定位群体中的基因序列变异与表型之间的相关性，就可以找到与功能相关的遗传位点。在此基础上，发展一种基于连锁不平衡（Linkage disequilibrium，LD）的关联性分析方法（Association analysis）。这种方法能够有效地提高数量性状定位的精度，成为对传统 QTL 定位的有效补充。目前，基于连锁不平衡（LD）的关联定位的方法已经广泛应用于遗传研究中。随着植物基因组学的迅猛发展，新的基因发掘方法不断涌现。基于连锁不平衡的关联定位已被证明是基因发掘的有效手段。

遗传连锁图谱（Genetic linkage map）利用遗传重组率作为基因间的距离而得到的图谱。图谱为研究基因组结构，标记辅助育种（MAS）、数量性状基因为点（QTL）图谱定位功能基因、杂交优势预测、物种进化关系等提供了重要的工具，可以在很大程度上提高育种工作的预见性。建立基因连锁图谱需要大量遗传标记，当今多用于构建图谱的分子标记有 RAPD、AFLP、SSR，这些标记多态性丰富、易检测，促进了生物遗传图谱的迅速构建。这些分子标记的发展给椰子遗传图谱的构建提供了新的手段。

Rohde 等（1996）和 Duran 等（1997）分别用 ISTR 方法绘制了椰子品种的指纹图谱。Rohde 等（1999）用 ISTR 标记构建了非洲东部高种椰子（East African Tall）和马尔代夫拉古娜岛高种（Laguna Tall）杂交 F_1 代的分子连锁遗传图谱。构建高密度的椰子分子遗传连锁图对于提高其育种效率具有重要意义。Lebrun 等（2001）用 AFLP 和 SSR 技术首次构建了来自所罗门群岛（Solomon

Islands）的拉内尔高种（Rennell Island Tall）椰子的遗传图谱，所用引物总共 231 对，在 LOD 值为 2.0 的水平上，227 个引物被分配到 16 个连锁群当中去，剩下的 4 对引物在图谱上不能准确地分辨，所以被放弃，该遗传连锁图的总图距为 1 971 cM，平均每个连锁群上 5 ～ 23 个标记，标记平均距离为 52.1 ～ 191.7 cM。SSR 第 1 次被用来构建椰子的遗传图谱，所有的 SSR 标记都被用来作图（除了 CNZ12），在每个连锁群平均有 1 ～ 6 个 SSR 标记，其中 4 个连锁群中不含有 SSR 标记。在太平洋地区育种工作中拉内尔高种椰子作为父本被广泛应用到商业杂交中。

Herran 等（2000）构建马来半岛黄色矮种和马尔代夫拉古娜岛高种椰子群体的遗传图谱，每个群体被分成 16 个连锁群，遗传连锁图谱的总图距为 2 226 ～ 1 266 cM，平均每个连锁群有 4 ～ 32 个标记，并且对与椰子早萌芽早开花性状相关的 6 个性状进行了 QTL 定位分析，6 个 QTLs 在萌芽期的提前萌发性状明显减少了 20.5 ～ 26 天，这些 QTL 性状一半都来自一个祖先拉古娜岛高种椰子，并且定位于 2 个不同的染色体上，变异率在 11% ～ 14.3%。早萌芽并且早开花的性状会很大的提高品种产量，所以该研究中的关于早萌芽性状的定位，对于分子标记辅助育种将会起到重要的作用。试验结果中比较不同的分子标记还发现 AFLP 和 ISTR 标记比 RAPD 和 ISSR 标记更有效。

Baudouin 等（2006）通过对伦内尔岛高种基因型椰子果实成分重量和比率的 QTL 分析，明确控制椰子果实成分的遗传因素。前期研究已建立了该群体的基因连锁图，以及果实产量相关的 QTL 分析。该研究中增加了 53 个新的标记（主要是 SSR），在 52 个 QTL 中有 11 个与产量性状相关联。其中的 34 个基因被分为 6 个亚类。在基因组的不同位置发现了果实组分重量、胚乳湿度和果实产量的 QTL，这表明选择单个组分的 QTL 可以实现有效的产量标记辅助选择。检测到的QTL来自一个属于“太平洋”椰子群的基因型。基于已知的“太平洋”和“印度—大西洋”椰子之间的分子和表型差异，他们认为很大一部分椰子遗传多样性仍有待于通过研究这些群体间杂交而来的群体进行研究。

三、椰子基因组测序及全基因组关联分析

重要的农艺性状如产量、作物品质及植物抗病性是由多个基因控制的，均受连续变化的环境影响。与单基因控制的性状相比，其遗传基础更为复杂。Visscher等（2012）指出，众多科学和生物的发现是通过全基因组关联分析（GWAS）所验证。GWAS是经典的定量遗传理论的拓展，对基因的研究具有重大意义。作为一个整体，定量特征是由许多具有同等作用的微效基因互相影响，通过建立遗传模型和估计遗传方差，选择统计参数来进行研究。许多经典的定量遗传模型都在育种实践中发挥着重要作用，比如籽粒的淀粉和维生素A原含量、小麦的籽粒大小和研磨品质、拟南芥的开花期和抗病性等。然而，在“Micro-effect gene”理论中，具体影响数量性状的基因尚未发现，分子生物学机制的定量特征变化也未能得出确切结论。近年随着生物技术的发展，尤其是分子标记技术的出现与发展，人们对量化特征的认识从基因水平发展到数量形状分析水平，充分说明了解遗传机制的定量特征已经上升到分子水平的高度。

此外，植物的数量性状往往受到等位基因多样性的影响，而传统研究仅能得到有限的基因组相关解析。GWAS克服传统基因映射方法的一些局限性，通过提供更高的分辨率，在基因水平上利用样本的数量关联到表型变化的差异。由于高密度单核苷酸（SNP）多态性的出现，进行全基因组扫描时，能识别很小范围的与数量性状变异显著相关的单元型域。这些方法的出现使得研究性状的可能性

不断增大。目前，GWAS 已经确定了许多与性状相关的重要位点，为生产实践提供理论指导。

中国热带农业科学院以海南高种椰子为对象开展椰子全基因组测序与分析（Xiao et al.，2017）。通过 9 个 DNA（170 bp 至 40 kb）插入文库的测序和数据过滤后共获得 419.08 Gb 的干净 reads，K-mer 分析预测了椰子的基因组大小为 2.42 Gb。用 SOAPdenovo2 软件进行 contig 和 scaffold 的构建及 gap filling，最后获得长度为 2.20 Gb 的椰子基因组草图（相当于 90.91% 的预测基因组的大小）。通过同源性比对，重头预测和转录本比对等方法他们预测了 28 039 蛋白质编码基因，其中 21 087 蛋白序列具有保守域，15 705 个被注释到 1 622 Gene Ontology（GO）功能类别，分析发现椰子的这些基因归属于 14 411 基因家族，其中有 282 基因家族是椰子所特有的。进化分析显示椰子和油棕的分歧时间大约在 46 百万年前晚于椰枣的分歧时间。通过椰子作图群体的 GBS 分析，共发现 621 283 个 SNP 标记，其中 8 402 个 SNP 被分配到 2 303 scaffolds 上，通过这些标记，成功地构建了椰子的 16 条染色体并对染色体的 SNP 标记的分布、基因密度、GC 含量、共线性等特性进行了分析，通过比较基因组分析，研究者重构了椰子、油棕和椰枣的 9 条古生染色体，在这些物种的演化过程中，出现了一次的染色体加倍变成了 18 条，通过后续的两次的融合和两次的分裂变成了现在的椰子和油棕的 16 条染色体。研究者还结合椰子盐胁迫下的表达谱数据开展了椰子喜盐特性的组学分析，为探索椰子对高盐环境适应的分子机制提供了基础。该研究为椰子功能基因组的研究提供了一个参考基因组，该研究将为利于主要棕榈作物比较基因组工作的开展，为椰子 DNA 分子标记的开发及椰子重要农艺性状的解析及关联分析提供基础，为椰子的全基因组关联分析提供参考体系，促进椰子分子辅助育种工作的开展。

Geethanjali 等（2017）基于 48 个简单序列重复序列（SSR）基因位点，分析了全球椰子种质资源库（79 个基因型）的遗传多样性和种群结构。SSR 等位基因数目在 2 ～ 7，平均每个基因位点有 4.1 个。基因多样性（预期杂合度）估计范围为 0.162 ～ 0.811，平均值为 0.573。多态信息量范围为 0.149 ～ 0.785，平均为 0.522。分层聚类分析将基因型分为两个主要集群，每个集群中的每个子集与地理起源相对应。第一个由“高种”基因型组成的群起源于印度大西洋和南亚地区。第二个群体主要由“矮种”基因型和一些来自印度洋和东南亚地区的高种基因型组成。通过 STRUCTURE 分析的基于模型的聚类也支持在两个主要种群（$K = 2$）和四个亚种群（$K = 4$）的收集中存在明确的遗传结构。SSR 基因位点在连锁不平衡中的比例较低（2.4%）。44 个基因型的关联分析检测结果发现与果实产量及组分性状相关，其具体相关的单个 SSR 位点（CnCir73）定位在染色体 1 上，该结果与椰子中先前定位的数量性状位点相对应。

四、分子辅助育种技术的应用前景

分子辅助育种是指将分子标记应用于作物改良过程中，对优质作物进行选择及培育的一种辅助手段。其基本方法是利用与目标基因紧密连锁或表现共分离关系的分子标记对选择个体进行目标区域或全基因组筛选，从而减少连锁累赘，获得期望的个体，达到提高育种效率的目的。

1. 分子辅助选择在作物育种上的应用

（1）分子标记辅助选择在回交育种中的应用。回交是指以具有许多优良性状而个别性状欠缺的待改良品种为轮回亲本，以具有轮回亲本欠缺的优良性状的品种为非轮回亲本，两者的杂交后代又与轮回亲本进行系列的回交和选择，在回交结束时还需要进行 1 ～ 2

次的自交，以便使这一对基因纯合，形成具有轮回亲本一系列的优良性状而少数欠缺性状得到改进的新品种的选育方式。回交育种对带有个别不良性状的品种改良是一种较好的选育途径，分子标记辅助选择应用于回交育种可以提高选择效率，加快育种进程。

（2）分子标记辅助选择在基因聚合中的应用。基因聚合是将多个有利基因通过选育途径聚合到一个品种之中，这些基因可以控制相同的性状也可以控制不同的性状，基因聚合突破了回交育种改良个别性状的局限，使品种在多个性状上同时得到改良，产生更有实用价值的育种材料。基因聚合常在抗性育种中得到应用，育种专家将多个控制垂直抗性的基因聚合在同一品种中可以提高作物抗病的持久性。在传统的抗病性检测中，通过接种鉴定不仅程序复杂，而且常常影响植株的生长发育，而且一些抗性基因很难找到相应的鉴定小种。采用与抗性基因紧密连锁的分子标记或相应基因的特异引物进行分子标记辅助选择，可加速抗原筛选和抗性基因的鉴定，提高育种选择效率，缩短育种周期。特别是在多个抗性基因的聚合选育和转移数量抗性基因方面具有很大的应用前景。

（3）分子标记辅助选择在数量性状改良中的应用。作物中大部分的农艺性状是由多基因或 QTL 控制的数量性状，在这样一个多基因体系中，每个基因对目标性状只表现微效作用，没有明显的显性，而且表现型受环境条件影响很大。因而采用传统的育种途径对这些性状进行选择有很大的难度，分子标记辅助选择为数量性状的改良提供了新的研究思路。

2. 我国分子辅助育种存在的问题

（1）对辅助选择的性状的选择。应选常规育种比较费时费力又十分重要的目的性状，如，难以鉴定和检测的性状、鉴定成本很高的性状、在生长发育后期才出现或才能检测的性状。

（2）加快基因作图的步伐。对重要基因的分子标记作图是分子标记辅助选择的关键之一，因此，要应用合适的分子标记对更多的重要基因（包括 QTL）进行标记和定位。

（3）基因作图和辅助选择策略的选择。在育种群体内定位目的基因，使基因作图和辅助选择同步进行。

（4）尽快改进和完善自动化检测体系。DNA 提取的自动化、PCR 检测的自动化（加样机器人和计算机识别系统等使用），以满足分子标记辅助选择中对大样本的检测的需要。

（5）降低成本是推广使用分子标记辅助选择技术的必要条件。如何在今后降低基因型鉴定的成本将是普及此技术的关键所在，如利用基于 PCR 的标记或在第二代选择与 QTL 连锁的分子标记的基因型，无须评价表现型和鉴定所有标记，这可以在一定程度上降低 MAS 的成本。

（6）在利用分子标记辅助选择时。群体大小应不少于 200 份，所选性状的遗传力应在 0.05 ～ 0.5，标记应与 QTL 或主基因邻近。同时，应确定一个最佳选择强度以取得最大效率；最好是检测少量杂交组合的很多后代，而不是很多组合的少量后代。

（7）对数量性状进行改良时，多性状的 MAS 比单性状的 MAS 效率高。

尽管十多年来，分子育种的理论研究已取得了很大的发展，但凭借分子标记辅助选择手段育成品系或品种的报道还相对较少，通过分子标记辅助选择提高育种效率，大规模培育优良品种的期望仍未实现。究其原因主要有以下 3 个方面：① 基因定位研究与育种程序相脱节。绝大多数的研究者只把工作目标确定在鉴定和定位重要的基因上，在设计研究方案时，选材上往往只考虑基因定位的便利而不考虑育种的需要，因此，在完成目标基因的定位时，并不能直接应用于育种。② 基因定位和分子标记分析在实用性和成本方面还有待进一步改进。对于质量性状的基因定位，技术上是成熟的，但仍是个耗资费力的过程。对于数量性状的基因（QTL）定位，技术难度很大，使得科学家们不得不把大量的经费及精力投入在基因定位和分子标记鉴定等环节上，无暇顾及分子选择过程。③ 分子标记辅助选择技术体系还有待于进一步完善。对于单个或少数几个基因的分子标记辅助选择，现有的分子标记辅助选择技术体系是有效的。但由于大多数重要性状是多基因控制的数量性状，要同时选择许多基因，现有的分子标记辅助选择技术体系则还难以做到。

3. 椰子育种现状

（1）椰子常规育种。

选择育种：选择育种包括纯系选择育种、群体（混合）育种、无性系选择育种等，即选择产量高、抗逆性强的单株母树或种群的椰子成熟果保温、保湿、催芽，以培育高产后代。此法育种周期长，后代稳定性差，现在多与其他育种方法相结合。

杂交育种：杂交育种包括纯系杂交育种、单株后代育种、回交育种等，是椰子丰产栽培的第一步。一般选择矮种椰子作为母本、高种椰子作为父本。技术上需要注意的是，高种椰子先开雄花，后开雌花，而矮种椰子雌雄花期相同。此法属于有性育种。由于选择的亲本植株已是高产优质品种，其后代性状也较为稳定，所以在世界范围内广泛采用，且已培育出很多有名的品种。如法国设在科特迪瓦的油料油脂研究所用西非高种和马来矮种椰子杂交育成的杂交种第一代——马哇，具有生长快、长势旺、树干大小中等、早熟、植后 3 ～ 4 年开花结果、产量高等特征，已在世界范围内推广栽培，由中国热带农业科学院椰子研究所用海南高种椰子与马来西亚矮种椰子杂交培育出的杂种第一代——文椰 78F1，具有生长快、树干粗壮、早熟、植后 3 ～ 4 年开花结果等特点，产量较高，果实比马哇椰子的大，抗风及抗寒的能力较强。印度培育的 Chandra

Sankara 杂种，产果量约为 116 个 /（株·年）。印度尼西亚培育的 Khina-2 杂种，产果量约为 105 个 /（株·年）。科特迪瓦培育的 BP-121 杂种，产果量约为 104 个 /（株·年）。印度马哈拉施特拉邦 Ratnagiri 椰子研究站从 32 个椰子栽培品种中选出 3 个栽培种和 1 个高种与矮种的杂交种，这几个品种的产油量都比较高，现已在印度等国广泛种植。斯里兰卡椰子研究所培育出椰子杂交新品种 Kapruwana，该品种植后 4 ～ 5 年开花结果，10 年后进入稳产期，稳产期后年平均产果量高达 12 000 个 /hm^2，平均果重为 1.8 kg，单个果实椰干含量为 300 g。目前杂交育种是世界各国较普遍采用的椰子育种方法。

（2）生物技术育种。椰子传统育种方法具有周期长、空间大、不确定性高等缺点，生物技术育种是以分子技术为手段进行辅助育种，被认为是一种缩短育种周期的重要手段，通过挖掘与重要农艺性状连锁的分子标记，可应用这些标记实现对基因位点的直接选择，避免环境因素的影响。分子标记在椰子种质资源和育种研究中还未得到广泛的应用，对品种鉴定、亲缘关系、连锁图谱构建等方面都有着重要意义，可以促进椰子育种进程。目前，常用且有成功报道的生物技术育种方法有椰子组织培养法和胚培养法。

组织培养法：20 世纪 70 年代以来，随着组织培养的发展，植物基因工程、体细胞工程及单倍体育种在种质资源创新和新品种选育中的地位越来越重要。组织培养的关键是培养基的配方，是否成功在于诱导激素量的控制。椰子组织培养一般以花序和叶片作外植体诱导愈伤组织，再由不定胚在特定的培养基上获得再生植株。另外也有利用花药培养形成不定胚、从原生植体形成愈伤组织的报道。Branton 等（1983）首次报道可通过未成熟花序组织进行体细胞胚胎发生；Verdeil 等（1994）以椰子未成熟花序为外植体，经体细胞胚胎途径实现植株再生；此外，Homug（1995）、Chan 等

（1998）利用椰子成熟合子胚的胚芽组织作外植体进行培养，实现植株再生。Homung 等（1999）再次研究经间接体细胞胚胎途径得到的植株再生试管苗，但这种方法生产的试管苗不稳定，重复性不强。但迄今为止，椰子组织培养技术仍不能够达到体外无性繁殖的目的。

胚培养法：胚培养法比组织培养法较为成功。国际植物遗传资源研究 / 椰子遗传资源协作网（IPGRI/COGENT）于 2003 年 3 月召开的第二届椰子离体培养国际讨论会，报道了椰子离体胚培养技术。利用该技术可简化种质资源采集及保存工作。胚培养的方法是取出成熟椰子果内的圆柱状胚，通过液体培养基使其肥大，从胚上和幼根原基长出芽，下部形成吸器，再将出芽胚在固体培养基上培养，待茎、叶和第 1、第 2 次根长出后，出芽胚即长成完全的幼植株。菲律宾利用这一技术育种获得成功，并已在大田推广种植。斯里兰卡也在这方面的研究利用上取得了较大进展。这一技术可以有效地收集、交流和保存遗传资源，并可加速抗病虫、耐水分胁迫品种的培育。

4. 椰子育种中存在的问题

（1）具有推广价值的品种偏少。由于传统椰子育种周期长，与其他作物相比，目前培育出的高产优质、抗病、虫及抗逆强的椰子品种还太少，远远满足不了世界各国椰子产区对新品种椰子的需求。各椰子研究机构虽然加大了对椰子育种的投入，但效果还不是很显著。

（2）育种方法不够丰富。无论是传统的还是生物技术的方法都较单一，一些新方法如辐射诱变育种、化学诱变育种、种间杂交育种、分子辅助育种及转基因新品种等尚未见到报道。结合实际情况，大胆采用新的育种技术，对加快椰子育种具有很大的促进作用。

（3）种质资源保存较少。目前，我国保存的椰子种质资源不多，有些品种数量较少。首先，必须收集国内不同变种及不同生态区的种质资源，其次，加强与国外的种质资源交换。我国的椰子种植区地处热带北缘，属于热带季风气候，经常有寒流与台风，经长期选择，海南高种已具备抗寒、抗风等特性。因此，可有条件地与其他国家进行种质资源的交换，尽量收集保存多种椰子类型，为育种工作准备丰富的材料。

5. 椰子育种技术的应用前景

椰子喜温、喜光、喜湿，土壤适应性好，抗逆性强，且用途广泛。在热带地区种植椰子，不仅能增加农户的经济收入，而且对创造优美的自然景观、改善生态环境也有重要作用。但世界各国的椰子种植推广都面临产量低、病虫害严重、抗自然灾害能力弱的问题。大力发展椰子育种技术，推广种植高产优质的品种，对提高土壤肥力不足、台风等自然灾害严重热区的农民收入，以及对保护自然环境、创造优美生态环境具有十分重要的意义。

参 考 文 献

毕波 , 王瑜 , 袁庆华 , 2010. SCAR 分子标记在植物抗病育种中的应用 [J]. 安徽农业科学 (30): 16778-16780.

方宣钧 , 吴为人 , 唐纪良 , 2001. 作物 DNA 标记辅助育种 [M]. 北京：科学出版社 .

李海渤 , 2002. 分子标记辅助选择技术及其在作物育种上的应用 (综述)[J]. 河北职业技术师范学院学报 , 16 (4): 68-72.

李莎莎 , 韩凌 , 肖雪 , 等 , 2011. 全基因组关联研究进展及应用前景 [J]. 广东医学 , 32 (5): 657-659.

刘海琳 , 尹佟明 , 2018. 全基因组测序技术研究及其在木本植物中的应用 [J]. 南

京林业大学学报 (自然科学版): 42 (5): 172-178.
刘立云 , 李杰 , 董志国 , 2007. 国内外椰子育种发展状况 [J]. 中国南方果树 , 36 (6): 48-51.
刘勋甲 , 尹艳 , 郑用琏 , 1998. 分子标记在农作物遗传育种中的运用及原理 [J]. 湖北农业科学 (1): 27-32.
马三梅 , 王永飞 , 王得元 , 2004. 农作物分子遗传图谱的研究进展 [J]. 干旱地区农业研究 , 22 (4): 102-108.
苗丽丽 , 刘秀林 , 温义昌 , 2010. 关联分析在 QTL 定位中的应用 [J]. 山西农业科学 , 38 (2): 12-14.
王永飞 , 马三梅 , 刘翠萍 , 等 , 2001. 分子标记在植物遗传育种中的应用原理及现状 [J]. 西北农林科技大学学报 (自然科学版) (29): 106-113.
杨景华 , 王士伟 , 刘训言 , 等 , 2008. 高等植物功能性分子标记的开发与利用 [J]. 中国农业科学 , 41 (11): 3429-3436.
Andersen J R, Lübberstedt T, 2003. Functional markers in plants. Trends in Plant Science, 8 (11): 554-560.
Anitha N, Jayaraj K L, 2008. Assessment of cross-taxa utility of coconut microsatellite markers [J]. Indian Journal of Horticulture, 65 (3): 317-321.
Alfred H S, 1913. The linear arrangement of six sex-linked factors in Drosophila, as shown by their mode of association [J]. Journal of Experimental Zoology (14): 43-59.
Baudouin L, Lebrun P, Konan J L, et al., 2006. QTL analysis of fruit components in the progeny of a rennell island tall coconut (*Cocos nucifera* L.) individual [J]. Theor Appl Genet, 112 (2): 258-268.
Baudouin L, Lebrun P, Konan J L, et al., 2008. The Panama Tall and the Maypan hybrid coconut in Jamaica: did genetic contamination cause a loss of resistance to Lethal Yellowing [J]. Euphytica, 161 (3): 353-360.
Branton D, 1983. Some lessons from the erythrocyte [J]. Cell Motil, 3 (5): 363-366.

Cardena R, Ashburner G R, Oropeza C, 2003. Identification of RAPDs associated with resistance to lethal yellowing of the coconut (*Cocos nucifera* L.) palm [J]. Sci Hortic (98): 257-263.

Chan J L, Saénz L, Talavera C, et al., 1998. Regeneration of coconut (*Cocos nucifera* L.) from plumule explants through somatic embryogenesis [J]. Plant Cell Rep, 17 (6-7): 515-521.

De R, Bush W S, Moore J H, 2014. Bioinformatics challenges in genome-wide association studies (GWAS) [J]. Methods Mol Biol (1168): 63-81.

De Young M P, Scheurle D, Damania H, et al., 2002. Down's syndrome-associated single minded gene as a novel tumor marker [J]. Anticancer Research (22): 3149-3157.

Devakumar K, Babu N, Mahesuari T S U, et al., 2016. Analysis of genetic diversity among Indian Ocean coconut accessions through microsatellite markers [J]. India Journal of Horticulture, 73 (1): 13-18.

Duran Y, Rohde W, Kullaya A, et al., 1997. Ritter E molecular analysis of East African tall coconut genotypes by DNA marker technology [J]. J Genet Breed (51): 279-288.

Eujayl I, Sorrells M E, Baum1 M, et al., 2002. Isolation of EST-derived microsatellite markers for genotyping the A and B genomes of wheat [J]. Theoretical and Applied Genetics (104): 399-407.

Fernando S C, Gamage C K, 2000. Abscisic acid induced somatic embryogenesis in immature embryo explants of coconut (*Cocos nucifera* L.) [J]. Plant Sci, 151 (2): 193-198.

Flint J, 2013. GWAS [J]. Curr Biol, 23 (7): 265-266.

Geethanjali S, Anitha J, Rukmani M, et al., 2017. Genetic diversity, population structure and association analysis in coconut (*Cocos nucifera* L.) germplasm using SSR markers [J]. Plant Genetic Resources (9): 1-13.

Hackauf B, Wehling P, 2002. Identification of microsatellite polymorphisms in an expressed portion of the rye genome [J]. Plant Breeding (121): 17-25.

Hart A B, Kranzler H R, 2015. Alcohol dependence genetics: lessons learned from genome-wide association studies (GWAS) and post-GWAS analyses [J]. Alcohol Clin Exp Res, 39 (8): 1312-1327.

Hayes B, 2013. Overview of Statistical Methods for Genome-Wide Association Studies (GWAS) [J]. Methods Mol Biol (1019): 149-169.

Henry R J, 2001. Plant Genotyping [M]. United kingdom: CABI.

Herran A, Estioko L, 2000. Linkage mapping and QTL analysis in coconut (*Cocos nucifera* L.) [J]. TAG Theoretical and Applied Genetics, 101 (1): 292-300.

Hornug R, 1995. Single cells, coconut milk, and embryogenesis in vitro [J]. Science, 153 (3741): 1287-1288.

Hornug R, Perera P I, Hocher V, 1999. Unfertilized ovary: a novel explant for coconut (*Cocos nucifera* L.) somatic embryogenesis [J]. Plant Cell Rep, 26 (1): 21-28.

Kamaral L, Perera C, 2014. Genetic diversity of the Sri Lanka yellow dwarf coconut form as revealed by microsatellite markers [J]. Tropical Agricultural Research, 26 (1): 131-139.

Konan K J, Koffi K E, 2007. Microsatellite gene diversity in coconut (*Cocos nucifera* L.) accessions resistants to lethal yellowing disease [J]. African Journal of biotechnology, 6 (4): 341-347.

Lebrun P, Baudouin L, Bourdeix R, et al., 2001. Construction of a linkage map of the Rennell Island Tall coconut type (*Cocos nucifera* L.) and QTL analysis for yield characters [J]. Genome, 44 (6): 962-970.

Martinez R T, Baudouin L, 2010. Characterization of the genetic diversity of the tall coconut (*Cocos nucifera* L.) in the dominican republic using microsatellite (SSR) markers [J]. Tree Genetics & Genomes, 6 (1): 73-81.

Mukherjee B, Zhao H, Parashar B, et al., 2003. Microsatellite dinucleotide (T-G) repeat: a candidate DNA marker for breast metastasis [J]. Cancer Detection and Prevention Journal (27): 19-23.

Perera L, Russell J, 2003. Studying genetic relationships among coconut varieties/ populations using microsatellite markers [J]. Euphytica, 132 (1): 121-128.

Perera P I, Hocher V, Verdeil J L, et al., 2007. Unfertilized ovary: a novel explant for coconut (*Cocos nucifera* L.) somatic embryogenesis [J]. Plant Cell Rep, 26 (1): 21-28.

Riddell N, Crewther S G, 2017. Integrated comparison of GWAS, transcriptome, and proteomics studies highlights similarities in the biological basis of animal and human myopia [J]. Invest Ophthalmol Vis Sci, 58 (1): 660-669.

Rivera-Solís G, Sáenz-Carbonell L, Narváez M, et al., 2018. Addition of ionophore A23187 increases the efficiency of *Cocos nucifera* somatic embryogenesis [J]. Biotech, 8 (8): 366.

Rohde W, 1996. Inverse sequence-tagged repeat (ISTR) analysis: a novel and universal PCR-based technique for genome analysis in the plant and animal kingdom [J]. J Genet Breed (50): 249-261.

Rohde W, Becker D, Kullaya A, et al., 1999. Analysis of coconut germplasm biodiversity by DNA marker technologies and construction of a first genetic linkage map [J]. Current Advances in Coconut Biotechnology (10): 99-120.

Sax K, 1923. The association of size differences with seed-coat pattern and pigmentation in Phaseolus vulgaris [J]. Genetics (8): 552-560.

Shalini K V, Manjunatha S, Lebrun P, et al., 2007. Identification of molecular markers associated with Mite resistance in coconut (*Cocos nucifera* L.) [J]. Genome, 50 (1): 35-42.

Teulat B, Aldam C, 2000. An analysis of genetic diversity in coconut (*Cocos nucifera*) populations from across the geographic range using sequence-tagged microsatellites (SSRs) and AFLPs [J]. Theoretical and Applied Genetics, 100 (5): 764-771.

Thiel T, Michalek W, Varshney R K, et al., 2003. Exploiting EST databases for the development and characterization of gene-derived SSR-markers in barley (*Hordeum vulgare* L.) [J]. Theoretical and Applied Gcnctics (106): 411-422.

Upadhyay A, Jayadev K, 2004. Genetic relationship and diversity in Indian coconut accessions based on RAPD markers [J]. Scientia Horticulturae, 99 (3): 353-362.

Van Tienderen P H, De Haan A A, Van der Linden C G, et al., 2002. Biodiversity assessment using markers for ecologically important traits [J]. Trends in Ecology and Evolution (17): 577-582.

Verdeil J L, Huet C, Grosdemange F, et al., 1994. Plant regeneration from cultured immature inflorescences of coconut (*Cocos nucifera* L.): evidence for somatic embryogenesis [J]. Plant Cell Rep, 13 (3-4): 218-221.

Visscher P M, Brown M A, MeCarthy M I, et al., 2012. Five years of GWAS discovery [J]. Am J Hum Genet, 90 (1): 7-24.

Xia W, Xiao Y, Yang Y D, et al., 2014. Development of gene-based simple sequence repeat markers for association analysis in *Cocos nucifera* [J]. Molecular Breeding, 34 (2): 525-535.

Xiao Y, Fan H K, Baudouin L, Xia W et al., 2017. The genome draft of coconut (*Cocos nucifera*) [J]. Giga Saence (6): 1-11.

Yaima A R, Konan Konan J L, Atta H D, et al., 2014. Identification and molecular characterization of the phytoplasma associated with a lethal yellowing-type disease of cocomit in cote d'Ivire [J]. Can. J. Plant Pathol, 36 (2): 141-150.